今天也要好好写手账啊

不是闷 著

中信出版集团 | 北京

目录

序言
和手账相处的每一天

　　我妈提出要送我一本手账本的时候，我心里一沉。

　　要知道，我是资深文具爱好者和重度手账发烧友。我妈要送我本子会非常难送——差了吧，我肯定看不上；好的吧，她肯定也不了解。而且我生活在新西兰，我妈住在武汉。这本八成我不会喜欢的本子，还得飞越太平洋，寄到我手里。真的，我奉劝大家轻易不要送对方特别擅长的领域的东西，除非你很有把握，你能选对。

　　一周后，我收到了一本路易威登中号（Louis Vuitton MM）尺寸的老花活页手账本。我的妈！我妈竟然是这个"例外"。

　　路易威登的图案里我最喜欢的就是老花。每次在网上看到别人晒出使用了几十年的路易威登老花包，那上面的使用痕迹每一条都像一个故事。在所有形式的本子里，能陪伴使用者最久的就数活页本。用完了里面的纸，可以再添加新的内页。只要外面的封皮经久耐用，这个活页本就能一直使用下去。我一

· 这就是
妈妈送我的"壳子"。

边惊喜又仔细地看着手里这本全新的活页本,一边想象着它被我写满了计划、心情和故事之后的模样。我妈完全不懂文具,怎么那么会选!难不成她还做了功课?天啊,想一想我妈在电脑前搜索"最好的手账本"的场景,太感人了吧!

　　"那个壳子到了吧?" 手机显示来自我妈的信息。

　　看来应该是没做过功课吧⋯⋯

　　我说,这个本子是我一直一直想要的!她说,看到有人用

II

今天也要好好写手账啊

这个"壳子"，才知道原来这样的牌子还卖手账，感觉我作为一个手账博主，把这本加进我的收藏会很棒，于是买来寄给我。

我的工作是做一名文具手账博主。没想到吧，文具手账博主还能是个工作。当初我做出这个选择，以为我爸妈铁定得反对。因为我家都是什么人呢——清一色的教师。到什么程度呢，就是我上了初中才意识到不是所有同学的家长都有寒暑假。这样的父母，八成会希望自己的女儿不说做个老师，起码有个稳定点的职业吧。博主，手账文具博主，每个字都透露着一种即将失业的味道。

从小我绝对不算是一个调皮的小孩，但是我确实喜欢做那种家长认为"不太平常"的决定。客观地说，做我的父母并不容易。如果我的父母也有同感，那我认为他们也应当适当反省和检讨一下自己，为什么这些年每次面对我"不平常"的选择时，都没吵赢我。我这一路从小到大，似乎比较大的决定都是我自己做的。我爸妈提出过不同意见，但是只要我坚持，他们基本上都会按照我的来。我妈就是一句话，你想好了就行，以后别怪我没劝你啊。感谢爸妈不拦之恩，我至今没有什么为之后悔的决定。

10年前的暑假，我告诉他们我要一个人去土耳其的伊兹密尔（Izmir）实习两个月。他们说有那么些"好国家"你怎么选了个土耳其。我说那些"好国家"哪有这个有意思，我想去。他们拗不过我，选择支持。

大学毕业后，准备好一切手续要去英国爱丁堡大学读研的我，忽然改道要去新西兰。原因是，我的梦想是环游世界，听说新西兰很容易移民，这样我以后环游世界会省去很多办签证的麻烦。他们说爱丁堡大学是世界名校，新西兰的大学排在哪里。我说上学又不上一辈子，我想去。他们拗不过我，选择支持。

在新西兰念完书，我站在人生的十字路口。继续读书？找工作？回国？我想了很久依旧迷茫，就在这时了解到了"手账"，并疯狂爱上它。忽然有一天，我告诉他们，有时尚博主、美妆博主，就也可以有手账博主，我要当个手账博主。那时候，我甚至还没在任何平台注册"不是闷"的账号。他们当然希望我能当个老师，但是拗不过我，说："那你试试？"

你看，我爸妈虽然爱在一开始提出不同意见，但往往最后会被我收归统一战线。他们绝对是我最可靠的队友。这种可靠表现在他们会转过身，面朝我的目的地，帮我走上我想走的路。这些年里，他们一次都未跟我说过对我有什么期待和要求。我没有成为老师眼里的高分优等生、家长眼里的无敌乖乖女，但我因此，成为现在的我。

很长一段时间里，我认为我成为现在的样子是我一个人的功劳。我愿意走出去和不同的世界碰撞，我愿意在网络上以各种形式分享，这些好像是与生俱来的。其实不是，是我习惯了。

我记得从幼儿园起，我妈就开始让我每天晚上"口述日记"。我妈作为我的记录员，帮着写下我一天的流水账。有时我觉得没什么可分享的，她还会问我问题。"今天吃了什么呀？""老师发了柿子。""柿子是什么味道呢？""很涩。""嚯，你还知道'涩'！"长大些，我开始写日记。再长大些，我藏起日记。虽然我慢慢长大，学会享受自己的世界，但和妈妈分享各种大小事，分享各种感想和体悟，已经成了一种习惯。甚至到现在，当我在视频里分享自己的生活时，经常有种熟悉的感觉。我想，是我妈对我的倾听，让我对诉说和分享这件事能够自如应对并保有持久的热情。

作为一名手账博主，我的风格大概就是没有风格。我没有成为"效率达人"，不管是时间轴还是能率手账[1]上，都能看到我发过的呆、"摸过的鱼"；我没有成为"整理高手"，桌子上经常是"层峦叠嶂"，甚至拍照片、拍视频，也越来越倾向于表达"我就是这样，凑合看一下吧"的意思。但我真的写了那么多本手账，记录下了自己生活中那么多细碎的瞬间。而且我知道，写手账的过程，真的让我越来越"好"了。相比事情发生的那一刻，"写"不是在前就是在后，所以，写下的是期望，亦是回望。期望时有憧憬，回望时有感激。而记录下的那些生活数据，也让我更客观地看到了自己和"自己"的关系。

写手账还带给我一些陌生而新鲜的礼物。比如早起，跑步，冥想，我小时候无比厌烦的阅读。又比如画画和做设计。又比如，正在看这些碎碎念的亲爱的你。

这两年我妈跟我聊天时多次说，看了一圈，你这个工作是

1　由时任日本能率协会理事的大野严于 1949 年研制开发的手账。他认为高效地利用时间对提高生产力有很大帮助，于是将时间刻度导入了笔记本的设计。

今天也要好好写手账啊

· 只要把不同的手账本和文具随意铺开,
  就感觉桌上有一道亮丽的风景。

· 这就是我一边看视频
一边写手账的日常（杂而不乱）。

今天也要好好写手账啊

真好，每天写手账画画儿。没有领导，不用坐班。最重要的是你在做你喜欢的事情，这是什么都比不上的。

我思考了一下，好像就是运气特别好。难道不是吗？我竟然可以开开心心地以"写手账""玩文具"为职业。我相信这份"好运气"是因为一直以来我的爸妈都相信我，相信我能为我自己做选择。但我也相信，能够拥有这份好运气，是因为我可以倾听自己内心的声音。相比于一个个目标，我更愿意着眼当下，于一笔一画中建立日常的秩序、自我的系统。如果你问我现在已经有一个完美坚实的系统了吗，当然没有。但我知道，我在往那里走啊。世界无时无刻不在变化，日子一天天过，持续地、坚定地相信自己有这份好运气，然后写下来，怀着期待，怀着感激，那么活过的每一天都是值得的。

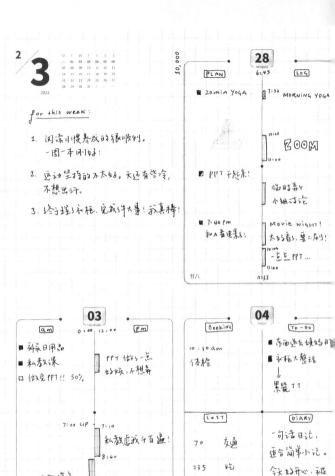

2/3 2022

M	T	W	T	F	S	S
01	02	03	04	05	06
07	08	09	10	11	12	13
14	15	16	17	18	19	20
21	22	23	24	25	26	27
28	29	30	31

for this week:

1. 阅读习惯养成的很顺利。
   一周一本刚好!

2. 运动坚持的不太好。天还有些冷,
   不想出汗。

3. 给予理了衣柜,完成件大事!我真棒!

---

28 MONDAY 6:45

10,000

PLAN LOG

■ 20min YOGA 7:30 MORNING YOGA

10:00 ZOOM
11:00

■ PPT 干起来! 临时约小组讨论

■ 7:40 PM MOVIE NIGHT!
和人看电影! 太好看了,要二刷!

10:00 一点上 PPT...
11:30

廿八 11:35

---

03 THURSDAY

0:00   12:00

am Pm

■ 补充日用品 PPT 做了一点
■ 私教课 好烦,不想弄
□ 做完 PPT !! 50%.

7:00 UP 7:10
私教虐我千百遍!
8:40
开会换座 一集剧 + 睡前
不带了日用
11:00 SLEEP

二月 12:00   24:00

---

04 FRIDAY

Booking TO-DO

10:30 am ■ 东西还去娘妈那
体检 ■ 衣柜大整理
      ↓
      果蔬 TT

COST DIARY

70 交通 一句话日记,
235 吃 适合简单小记。
     共 305 今天好开心,被
            按出表扬了,我
            要要抓住机会,
            把想做的做好

初二

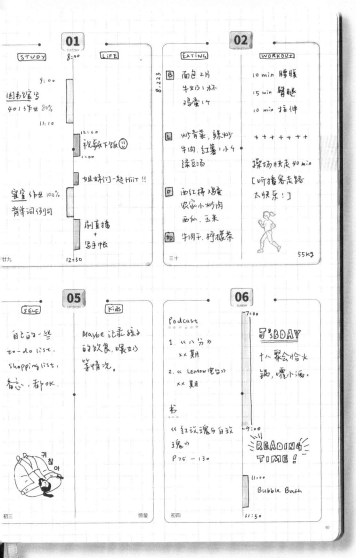

01 TUESDAY

STUDY 8:00

9:00

图书馆写
401作业 80%

11:10

12:00

机械下饭 ☺

1:00

宿舍 作业 100%
背单词例句

刷直播
+
写手帐

廿九 12:30

LIFE

姐妹们一起 HIIT !!

---

02 WEDNESDAY

8.223

EATING

① 面包 2片
牛奶 1杯
鸡蛋 1个

② 炒青菜，辣炒
牛肉，红薯 1个
绿豆汤

③ 西红柿 鸡蛋
农家小炒肉
西瓜、玉米

⑩ 牛肉干. 柠檬茶

三十

WORKOUT

10 min 腰腹

15 min 臀腿

10 min 拉伸

+ + + + + + +

操场快走 40 min
[听播客走路
太快乐！]

55kg

---

05 SATURDAY

SELF

自己的一些
to-do list.
shopping list.
念念，都 OK.

커
찮
아

初三

Kids

Maybe 记录孩子
的饮食、喂奶
等情况。

惊蛰

---

06 SUNDAY

Podcast

1. 《八分》
xx 期

2. 《LEMON电台》
xx 期

书

《红玫瑰与白玫
瑰》
P75 - 130

初四

7:00

J's BDAY

十八 聚会 吃火
锅，嚯小涮。

9:00

≈ READING ≈
TIME !

11:00

Bubble Bath

11:30

40

· 我自己设计的 PAL 手账周计划页面。

手账
即生活

并没有成为
效率达人

我曾做过好几个视频，分享如何使用国誉自我手账，反响特别好。在哔哩哔哩上搜索"国誉自我"八成能在第一页看见这几个视频。

国誉自我手账是日本国誉公司出品的一种时间轴手账，常用来做时间管理。一周七天，每天形成长长的一条空间，旁边配有 24 小时的时间轴。常见的使用方法有两种。一种是使用者在时间轴中记录预约事项，例如：开会、面试、饭局等；另一种是去记录时间安排，也就是今天一天都做了些什么，例如：早上 7 点晨跑了 1 小时，晚上睡前读了 30 分钟小说等。

在手账爱好者的圈子里，以国誉自我手账为代表的这种时间轴手账，地位非常不一般。有一句话曾经在手账圈里风靡一时——写国誉自我手账的女人绝不认输。为什么面对一本手账，需要用这么大的口气呢？因为相比于别的手账，能写完一年份的时间轴手账的人会少得多。这种手账也渐渐和"时间管理高

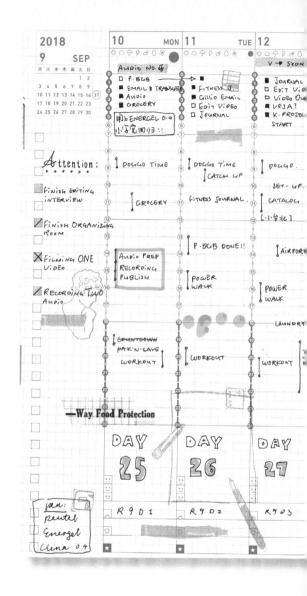

2018

9 SEP

月 火 水 木 金 土 日

					1	2
3	4	5	6	7	8	9
10	11	12	13	14	15	16 (37)
17	18	19	20	21	22	23
24	25	26	27	28	29	30

10 MON **11** TUE **12**

AUDIO NO. 47

- ☐ P. BCiB
- ■ EMAIL TRANSLATE
- ■ AUDIO
- ☐ CROCERY

枫上 ENERGEL 0.4

小答觉回归!!

☐ ■
- ■ FITNESS J.
- ■ GILLIO EMAIL
- ☐ EDIT VIDEO
- ☐ JOURNAL

V → SYDN

- ■ JOURNAL
- ☐ EDIT VIDEO
- ☐ VIDEO OU
- ☐ VEJA
- ■ K. PROJEC
  START

Attention:
• • • • •

☐ FINISH EDITING
  INTERVIEW

☐ FINISH ORGANIZING
  ROOM

☒ FILMING ONE
  VIDEO

☐ RECORDING TWO
  AUDIO

| DOGGO TIME
| CROCERY

DOGGO TIME
| CATCH UP

FITNESS JOURNAL.

P. BCiB DONE!!

| DOGGO.

JET-UP.

CATALOG

[...台北]

| AIRPORT

AUDIO PREP
RECORDING
PUBLISH

POWER
WALK

POWER
WALK

LAUNDRY

| COUNTDOWN
PAK'N SAVE
  WORKOUT

| WORKOUT

| WORKOUT

—Way Food Protection

DAY 25

DAY 26

DAY 27

pan:
pentel
Energel
Clena 0.4

R 9 0 1   R 9 0 2   R 9 2 3

☐ ★   ☐ ★   ☐

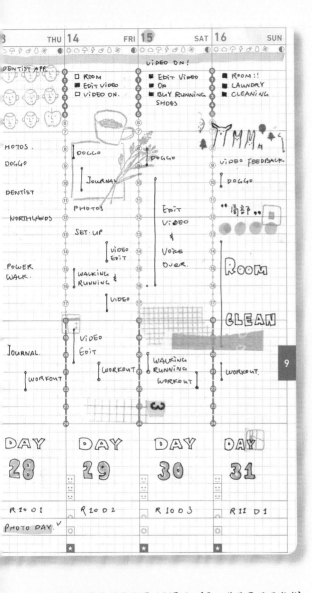

・ 我的国誉自我手账周计划页面（看！并不是满满当当）。

手""高效人生""效率达人"等有点可怕又让人心生向往的词画上了等号。

我有两年都在使用这种手账，并且不断地在网络上分享使用的体会和心得。除了出门旅行或出差，其余的日子里我都在坚持做规划和记录。许多人被我推荐了这款手账并尝试使用，第一年没坚持下去，第二年、第三年依然打起精神再冲高峰。我分享的内容下面经常看到这样的留言——"闷闷真是太自律了""感觉每天效率超高啊""这就是我向往的生活，爱了爱了""我决定了，今年开始写国誉自我手账，向你看齐"。

每次看到这类留言，我都心虚得不得了。我的手账使用也许看起来很充实高效，但我是否真的变成效率达人只有我和我妈知道。每个周末我跟她打电话的"定番"（日语用词，指常用的、不会随着时间改变的东西）话题之一，就是"最近的任务又拖了几天"。我们互相报出答案，她会问我"为什么不跟我学点儿好的，专门挑这种缺点学"。

营销号都是骗人的。光靠写手账就能变身效率达人是不太可能的。这是我这个手账达人的经验之谈。

但是，手账在你成为效率达人的路上，并不是完全没有帮助。如果你的问题是不知如何有效地安排时间，或是每天需要做的事又多又杂，光靠脑子记不住，手账肯定能帮上大忙。

如果你的情况是每天并不是没有时间去做事，你有时间，但是你喜欢东摸摸西看看。要写作业了，先喝杯水吧，喝了水又得上厕所，上厕所总得刷一下朋友圈吧，突然看到大家都在

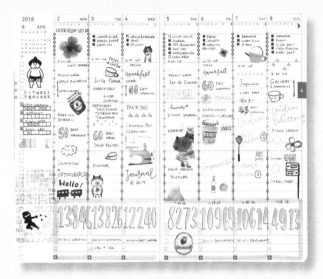

· 这一周每天都坚持走路，而且步数还多，那就写大一点鼓励自己！

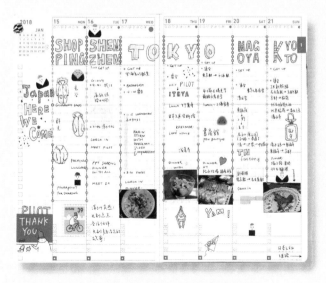

· 出门旅行的时候，就贴上了当日吃到的美食的照片。

关注最新的娱乐圈重磅八卦。总是走在互联网前沿的你不能错过这样的"大事"吧，马上一系列操作，打开微博、豆瓣、知乎或小红书，把准备用于做科研的精神全部投入到这一场新闻大调查中。抬头的时候，天却黑了。作业是什么？明天再搞吧。如果这是你，那手账能有作用，起码在一开始能派上用处。

又或者你也许并没有很认真地用第三者的视角观察过自己的生活。

上面的两种人，你并不确定自己能对号入座到谁的生活里，好像都有点儿像你，又好像都不太像。这时候，手账更能帮上你的忙。只要你诚实地记录，这个小本子就会像一面镜子。它是你举着的面向自己生活的那面镜子。你可以精心挑选角度去照。但或多或少你都能看到自己生活中的某一面，是否完全真实，你心里最清楚。

这是写手账 6 年来，我最大的感受，也是最让我受益的部分。我似乎活得更脚踏实地了。我不会在回忆昨天吃了什么的时候大脑一片空白，不会再追问时间都去哪儿了。以前的我似乎不是自己亲自活着，起码现在是了。

我的时间轴并非填写得满满当当，写手账没有让我把一天 24 个小时用成了 48 个小时。我爱时间轴里自己做过的那些事，也爱那些发过的呆、"摸过的鱼"。

因为那就是我和时间相处的痕迹。

照这样看，我真的没有成为一个效率达人。也许你也已经读过几本教你如何通过写手账变身效率达人的书了，显然这本并不是。但回看有手账陪伴的这几年，我好像成了一个精彩一点儿的人，快乐一点儿的人。说到这里，我好像又有一点儿新的发现：我们是不是可以重新来定义一下效率？如果可以在庞大的世界里找到自己真正在意的那些事，在有限的时间里投入地去工作，在拥挤的生活里给自己留白，是不是也是一种效率呢？

写手账，
贵不贵

我时常能在网上看到这样的评论：手账是个"大坑"，写手账非常花钱！每次看到这样的评论，我总是千言万语涌上心头，却又不知从哪儿说起好。

稍微了解我的朋友，这时候可能要笑了。在让手账显得很费钱的人里面，我怎么说也是逃不掉的。别着急，我不是来给自己洗白的。请听我讲下去。

最费钱的部分，是"写"

"写手账"这件事里，最贵的部分是"写"这个动作，不在"手账"这个东西。手账是一个休闲的爱好，也可能是一个自我觉察与提升的工具。但能让它发挥出这些功能和意义的前提是，你真的在使用它。我把这一点写在最前面，是因为我看到的绝大多数说"手账贵"的，都是围绕手账本、写手账用的

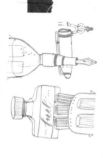

- 经常用一支笔随便写画画，连草稿上的涂鸦也放进手账本里。

- 手账也不是一定要画画或者贴胶带，清清爽爽写字也很惬意。

文具有多贵，以及手账爱好者又是如何争相来讨论的。

其实在我们写手账的人心里，最珍贵的从来不是一个新本子或者文具，而是用完了的那些手账本。一本写满自己故事的手账本，也许脏了、旧了，在我们的心目中却远比一本崭新的手账本更有吸引力。这两者最重要的区别就是写过的手账本凝聚了过去的一段时间，我在这个本子上曾一笔一画写下自己的生活，它是流逝时光的一种凝结。而一本崭新漂亮的本子，只是本子而已。新本子有标价；而我写完了的本子无价，我投入过的时间无价，我与手账相处的每一刻无价。

手账是用来写的，收藏家除外。不管我们后面讨论的手账用品多贵或是多便宜，对于一个买手账本回来书写的人来说，不去使用，这些文具最多只能美美地在书架上枯坐着。从你开始写的那一刻起，这本手账才真的"贵"起来。

写手账到底需要花多少钱

更何况，写手账，真的并不贵。最核心的需求就是一支笔、一个本子。只用这两样来写手账的大有人在。但是你要问这些人，他们都投入了多少钱来买他们手上的这支笔、这个本子，那我相信答案间的差距会非常大。文具和别的产品没有什么区别，想买便宜的，自然能找到很便宜的。想要讲究品质、设计、品牌，一样能找到很贵的。这不仅取决于你的预算和消费观，也取决于你对文具产品的了解，还取决于你对手账和书写的要求。

目前市面上，好写好看又好买到的中性笔，10 元是非常充足的预算。手账本的选择就更丰富了。粗略地说，把国产和进口产品都考虑在内，在 10—200 元的区间内，各个价位都有非常受欢迎的本子可供选择。在目前这个阶段来看，实际投入并不算很多（一般一本手账本是按一整年的使用时间来设计的）。入门级手账需要的开销，甚至不如一杯奶茶的费用。

当然，很多手账爱好者想玩得更丰富，会给自己多添置一些装备，例如纸胶带、画笔、贴纸、手账书衣等等。这些装备的单价区间跨度也很大。以纸胶带为例，从 1 元一卷到上百元一卷，各有不同。而手账书衣的选择，有几元钱就能买到的 PVC（聚氯乙烯）透明书衣，也有价值几千元的高档皮书衣。从这里开始，写手账花多少钱真是丰俭由人了。

说到这儿你有没有发现，如果说手账是"坑"，那"坑"简直无处不在。事实上，摄影、绘画、美妆、运动，如果你想入门，都很便宜。比如摄影，一开始你完全可以不添置任何设备，就用你的手机去练习。而随着你了解得更多，玩得更深入，你会发现这里面的讲究越来越多。但是不是装备越多、越高级，就玩得越厉害呢？那显然是不一定的。有的摄像师用手机拍电影，有的插画师用一支圆珠笔画肖像，有的化妆师用开架式产品给明星化妆，有的跑者赤足前行。那是不是高价的装备就会很浪费？显然也不是。当你能够体会到其间的细微差别，而这些差别也给你真的带来提升的时候，你花的每一分钱都是值得的。写手账也是一样。可见，爱好都一样，可以很便宜，也可以很费钱。

所以写手账到底需要投入多少钱？这是每个人的选择。尽管这个区间跨度很大，但多数手账爱好者的投入应该不会比下几顿馆子的饭钱更贵。这个投入，算多吗？少下几顿馆子就能支撑起一份自己的爱好，还能帮你去管理学习、工作和生活，这难道不是非常划算吗？那么是哪些人认为写手账费钱呢？我想是那些不写手账的人吧。

哪些人认为手账费钱

不了解手账、文具的人。这些东西在他们的传统印象里就是很不值钱的。于是他们对这些东西的预期价格非常低，可能会认为一卷胶带 2 元，一个本子 5 元，一支笔 3 元。当得知手账爱好者花 30 元买胶带、50 元买本子的时候，直观的感受就是"太贵了"。这个"贵"在于价格和他们内心预期的距离。也因为缺乏了解和没有了解的兴趣，这些人会简单地认为花几十、几百元去买胶带、本子的人，要么是不太缺钱，要么是不太聪明。这是一种很常见的、大众对于小众爱好的认知。

自认为理智却未必如此的人。有句话说得好，"买精不买多"。这恰恰是很多人花了真金白银才买来的教训。我相信很多喜欢手账的人，最开始的确是被很多花花绿绿的装饰品所吸引。在这个阶段，那些看似便宜，感觉还挺好看的东西，会比较容易吸引他们的目光。这一类产品在网络上，大方点儿花 50

元能买回一大兜子。一边觉得自己是选购小能手，一边期待着东西一到就开始写美美的手账。等到真正开始使用时，可能会发现收到的似乎有点儿货不对办，比如和网络页面上图片的颜色并不一致，甚至品质参差不齐，还伴着强烈的化工味道。发生这样的情况，真是让写手账的体验大打折扣。可能刚开头还有的很高兴致，这会儿一下子荡然无存。我也觉得，买这些东西，50元还嫌多。更可悲的是，这个体验可能让一些人觉得这就是"写手账"：没意思，没意义，还浪费钱。

误把"买了"当"会了"的人。手账在网络上的分享资源是非常丰富的。许多手账爱好者的确有令人垂涎的手账文具收藏，可能会让一些新手误以为这是写手账的标配。而且很多博主非常擅长把手账写得好看又充实，看他们的手账似乎能触碰到生活的幸福感。手账新手很可能一上来，就去买了一大堆同款装备，心里多少会有一种自己因此也能写出"生活的幸福感"的期待。但同款装备不等于同款作品。相比装备，生活本身才能给手账注入真正的质感。花了大价钱，用了之后结果并不惊艳，这件事会让一些人感到失望和气馁。对于这种情况，写手账的确会变贵。更遗憾的是，这类朋友并没有从中获得与价钱等值的乐趣。

我这样的人。很显然，写手账让我花了不少银子。我相信也有很大一批人跟我情况类似。不过我们在说出"手账很费钱"之后，往往会跟上一句"但是我觉得很值得"。当你真的有过一个爱好，你从中感受过心流，感受过最直接的乐趣之后，你会很理解"为爱好花钱"这件事为什么值得。什么东西让我们快乐了，我们就愿意为这个东西付费。这个东西可以是电影、唱片、书、旅行、美食、健身、舞蹈、舞台剧，也可以是文具和手账。千金难买我喜欢。就手账、笔等文具本身，一些细微的使用感差异并不是每个人都会在意、都能捕捉到的。愿意去追求更极致的使用体验的人，自然会心甘情愿多花些钱在设备上。

所以，你问我写手账贵不贵，我的答案是，只要去写，自然就贵。不仅仅贵在你为之付出的金钱，因为手账用品本身，选择自己喜欢并且价格合适的就好。从我自身的经验出发，高价的手账用品的确不必一上来就追求。但如果你是那种因为买了好的东西而格外珍惜、格外上心的类型，买一个能接受价位里相对高品质的手账，你肯定会写得很开心。但真正贵的还是写。因为写的时候你会更真诚地检视和记录自己的生活，更满怀期望地设想自己的未来。其中的每一刻，都弥足珍贵。

写不出来的时候
怎么办

人来到桌前坐好，本子摊开，笔已在手。今天的手账写什么？

想了半个小时，喝了两杯水，什么也没写出来。

手账写不出来的感觉，可能会有种熟悉感。噢！就是那种小时候写不出周记的心情！不过不对呀，周记是老师给你的作业，你周一必须交上去的，写不出有压力挺正常。而手账嘛，不是说好了的"放松""享受""治愈"，怎么也整出一股子焦虑的味道？

可见，苦恼于手账写不出来的朋友，心中有一件事是很肯定的，那就是特别想在手账本上记录点儿什么。可有时候实在觉得这一天没有发生一件值得记录的事，我能写什么；有时候会觉得下不了手，万一没写好怎么办，内心充满来自不确定性的焦虑。一个是没什么可写，一个是怕写得不够好。

白菜、豆腐也值得

当初我一头扎进手账世界，每天乐此不疲地看网络上别人分享的手账，感受到了巨大的落差。这个落差感其实不来自手账美观度的差距，有比那个更扎心的。那就是：为什么别人的生活那么五彩斑斓，而我的世界那么单调？人家的时间轴手账写得密密麻麻，我的时间轴是我家最干净的地方，吃饭、学习、睡觉和工作，这些有什么值得天天去写的？

这就是我曾经的想法。我的生活，是平凡中"最平凡"的，普通中"最普通"的。平淡的东西貌似不值得记录。可是，我发现一个矛盾点。为什么每次跟老友相聚，一坐下来第一句话就是"我跟你说"（并且这时候已经开始有点儿眉飞色舞的神情了）？为什么每次跟我妈打电话可以说一两个小时，说完挂了电话还一拍大腿，说"哎呀，那个事忘记说了"？我的生活那么无趣，可这些时候怎么可以说那么多话？我都跟他们分享了些什么？好像也不都是真的重要、真的精彩、真的值得一说的事。更多的时候反就是一些生活中再平常不过的小事，像是吃了什么、看了什么、读了什么、见了什么人一类的。

而吃了什么，不是只有吃了龙虾、鲍鱼才值得说，白菜、豆腐也值得。

看了什么，不是只有音乐剧、艺术展才值得说，去年的照片也值得。

读了什么，不是只有文学、时政才值得说，陌生人的微博也值得。

见了什么人，不是只有新朋友和讨厌的客户才值得说，卖早餐的阿姨和前一晚梦里那个压根儿就不知道是不是人的也值得。

我跟老友和老妈分享的，不就是这些吗？我再回忆一下，跟我聊到忘我的他们，又跟我分享了些什么让我听得津津有味。还是如上这些。

如果说，我的生活真的很无趣，其实吧，多数时候大家生活的模样也都差不多。那些精彩的手账上记录的，可能你不信，也是如你这般"无趣"的生活。

我的手账变得越来越有趣的过程，其实不全是我字练得好些了，画儿画得像样些了的过程，也是我学会寻找生活中值得驻足的时刻的过程。这些让人驻足的时刻连起来，就是我们生活的样子。

大道理先到这儿，我还准备了一个方便的"手账清单"。在你面对手账本无从下手时，看看这些能不能给你带来灵感？

"什么"系列：干了 / 吃了 / 穿了 / 读了 / 想了 / 听了 / 学到了 / 感到了 / 想要 / 不想要 / 希望 / 害怕什么？

"最"系列：今天最开心 / 最失望 / 最难过 / 最惊喜 / 最焦虑 / 最释怀 / 最后悔 / 最欣慰……的是什么？

其实，填满一页手账不是目的，记录我们认为值得记录的东西才是。如果上面这些，你都认为是为了写而写，并不是你真正想记录的，那我估计在你心中，你近来过得不好也不坏，一如往常。恭喜你啊，没有新消息也是一种好消息。"今日无事，一切如常"，一句话日记也是对今天的一种交代。日日如此，说明生活虽然没给你惊喜，但也没来捶你。这个发现就值得记上一笔，并且吃一顿好的庆祝一下！晚上坐在桌前你就会想：哎？今天吃了一顿好的，不写进手账里吗？

我怕写得不好，不敢下笔

我大胆推测，这一类朋友可能还伴有如下症状：

1.有撕本子的习惯，一旦本子上出现错误，那一页就想撕掉。

2.一旦写得不好，会觉得糟蹋了本子和笔。

朋友们，何至于此？写手账而已！记一下每天要做的事，写写日记，记录一下自己的小日子。这该死的完美主义怎么也出来作祟？让我来帮你卸下心理负担吧。

首先，这件事不能全赖你脑子里蠢蠢欲动的完美主义。我们在网络上看到的手账确实很多都太完美，以至于我们觉得那样才配叫"手账"。你要知道，绝大多数在手账世界开开心心玩耍的手账爱好者，未必晒出了自己的手账。有的手账晒出了，因为不完美，所以被人转发传播得比较少，曝光在你面前的概率比较低。所以不要以为大家的手账都是那么精致的。我玩儿手账的初期就开始分享我的手账，也在这里分享一点心得给你。

说白了，这只是现在的网络媒体让我们看到了太多同质化的东西，多到让我们以为那就是常态。类似的事不胜枚举。看了好多 Vlog（视频博客），博主们的家里都有巨大的阔叶植物，十几个香薰蜡烛，一台意式咖啡机和无数的餐具。大家的家里都是这样的吗？这样才配活吗？网络上的男孩或女孩各个腿长8米，小脸，大眼，开酷炫的车。街上的人都是这样的吗？这样的人才配上街吗？道理你我都懂，但是大家都向往更好的人和事物，那样的人和事物也的确存在着，可这不是生活的全貌。这是一种越来越趋同的"好"，但别忘了，"好"可以有参差百态。

所以我很鼓励大家把自己的手账分享出来。我因为这方面没有特别"要脸"，一早就在分享。而且你猜怎么着？时不时还收到一些评论和点赞呢。手账爱好者这个群体相当友善，特别擅长发现别人的优点，不吝啬表扬。更重要的是，更多真实的使用分享之后，手账的样子就更加多元，不同的"美"也会逐渐被发现。

其次，你有没有发现你的这种担忧让你很亏？你已经坐到了桌前，说明你有时间；你已经摊开了本子，拿好了笔，说明你装备齐全；你坐了半小时，一个字没写却也没离开，说明你对手账很有热情。这三大元素你都集齐了，剩下的不就是书写的快乐吗？既然地也找好了，一手种子一手锄头，为什么不播种呢？不存在下锄头的最佳角度，我的朋友，你多虑了。只管去播种、去灌溉吧。

我从最开始写手账，就发现了一件事：写手账的过程最快乐。那种快乐很纯粹，因为我很投入，因为我没有期待。我心中没有设限说手账一定要多么精美，我对于写完的手账没有任何要求。所以怎么写都好，"条条大路通罗马"。我有很多这样的

MICKEY & THE SUN

JWANDERSON

怪拖孩

PILOT

TRAVEL

STATIONERY

WITH

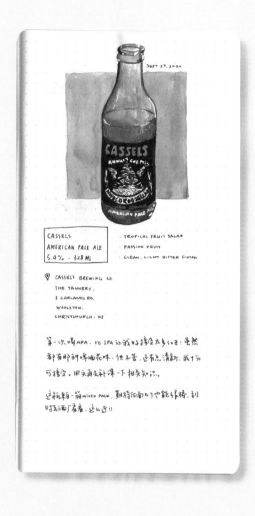

・平常日子里，小事也值得记录——最近新买的拖鞋、喜欢用的文具、吃的、喝的，写下来、画下来之后，似乎这些日子过得不再是了无痕迹。

经历：今天想来一个胶带拼贴。把胶带拿出来之后，没有什么想法。那就算了呗，索性直接把今天要写的日记写上得了！写字的过程我也很喜欢，没贴胶带也没什么。一些比较追求完美的朋友可能就在这儿卡住了，想好了要贴胶带，却没有拼贴灵感，今天干脆不写了。这时心中还有点儿小郁闷。

我不知道你们怎么想，反正我写手账就是因为写手账的过程好玩儿，写了之后也算是留下一个生活的记录。我还能再说几条愿意写手账的理由，但是说到第 10 条也不会是"为了做出在别人看来很美丽的排版""在手账上画出特别厉害的画"。我相信你们想的应该跟我想的差不多，那就更专注在快乐的部分吧！你因为担心写不好而迟迟不能动手，那后面快乐的部分就登不了台呀！挥锄头的姿势没找好，多挥几下慢慢就上手了嘛。

可能就是因为我对自己手账的美观度没有期待，所以特别容易满足。每次画出个什么，我都要喜滋滋地看了又看，觉得很有看点。画得不像，我觉得好搞笑；万一画得像了那还得了，那我觉得自己八成是有点天赋，明天还要画，天才应该多留点作品在人间。而且我发现，再无聊的生活小物，只要画到手账本里，就变得很有意思，哪怕线条歪歪扭扭，颜色用得也不对。在这个过程里，感觉就像对自己进行了一场鼓励教育，越鼓励越来劲儿。

我收到过太多这样的提问：

"手账本上万一写错了字，你怎么办？"

"如果颜色涂出界了，你怎么补救？"

· 连续 5 天的饮食记录。

写错了字怎么办？划掉。涂出界了怎么办？不怎么办，就这样吧。我的答案肯定让这些问我的朋友失望了，我甚至没思考过这些问题。朋友们，生活里能完全不拘小节、随随便便的地方不多了，手账就轻松地写起来吧！

手账上最有用的
一个小装置

　　写手账，对于我个人而言，有点类似收集自己的生活数据。例如，在时间轴上记录自己的时间安排，在月历里记录哪几天与人有约。而这些数据，如果你仔细去看，也能从中看出你生活的规律和习惯。

　　我对习惯很着迷。我总觉得，一件事成为习惯之后，就像一种肌肉记忆。如果这个习惯是好的，那太棒了，我都不怎么需要消耗我的"自律额度"，就能自发地做对自己好的事。例如，我几年下来已经形成了运动的习惯。去运动是不需要思考的选择。一段时间不运动，反而觉得怪怪的。但如果这个肌肉记忆是一个不好的习惯，那长此以往，可能会让坏的影响放大。例如我以前在焦虑时容易暴饮暴食。我认为当下的胡吃海塞会立刻获得满足，从而缓解焦虑情绪，这已经成为每次焦虑时我不假思索就会想做的一件事。但大吃大喝之后是更深的焦虑和负罪感。这是一个坏习惯，需要用好的习惯去覆盖。

手账，在这件事上能帮上忙！这是写手账 7 年来对我生活最有帮助的部分。

习惯追踪很简单

许多手账本里有一个部分叫作 habit tracker，我翻译成"习惯追踪器"。它就像一个小装置，可能是手账本预先安装好的，也可以由你自行安装，灵活度极高。这些说得有点儿故弄玄虚了，其实就是去给习惯进行每日"打卡"。

许多手账本上都有这样一个表格。表格中的纵轴是一个月里每天的日期，横轴由你自行填写。你去填写你想要追踪打卡

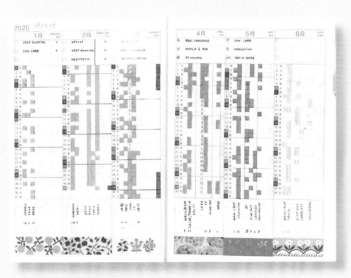

· 每日习惯追踪打卡的总视图。

的项目。我常写的排名前三的项目是冥想、运动、外食。接下来要做的非常简单。哪天做了这些事，你就在对应那天的方格做个标记。这就叫习惯追踪。

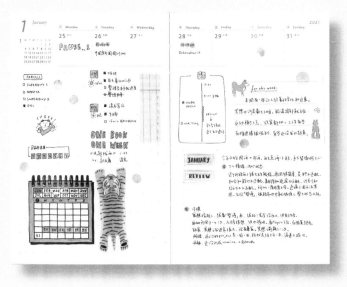

· 我的习惯追踪打卡。有的是利用手账本
上原有的格式，有的是借助印章。当然，
你也可以自己直接画一个。

我在手账分享视频里，无数次提到习惯追踪这个版块对我的帮助和意义。关键是操作还那么简单。你读完这一篇的当天不去打卡，就算我输了。

首先，打卡的动作是小朋友都能完成的。不挑工具，不挑形式，今天做了这件事，就在对应的地方打钩。从打开本子到合上本子，10秒钟也用不了，这样的记录大大提高了录入的效率，让这件事更容易坚持下去。

其次，这个表格非常灵活。要打卡什么项目，你说了算。如果本子里没有自带这个表格，自己去画一个也很简单。而且你还可以画成每年的打卡或每周的打卡，甚至每3天的打卡。每次打卡的项目也可以根据自己需求的变化去改变。

而且，这个表格非常可视化。不同于阅读一行行的文字，习惯追踪是一幅画面。你一眼看过去就能立马有结论：这个月运动坚持得很不错，但是冥想只有3次。把几个月的打卡放在一起，你也能快速看出自己习惯养成的趋势是进步还是退步。

但有用

我发现我有一个特点。如果是和别人合作一件事，或是答应了别人的事，我几乎都能做到。而如果这件事，是我交代给自己的呢？那事情往往就没有那么简单了。

我没有在这里谈那些大事，像个人发展目标或梦想。我说的是一些简单的事，例如洗好的衣服叠起来，不要一直堆在那儿放着。自己交代给自己的事其实不比别人交代的事难，甚至有时候是举手之劳。我曾在日记里问自己：为什么自己给自己的承诺就会被轻易地不当一回事，而别人给的事就拼命做？咋的，是我自己不配吗？可不得不承认，对自己的承诺食言的成本，或者说短期的代价，非常低。不用告诉任何人，也不必在乎别人怎么看我。要探寻这背后的心理机制可以说得很深，也不是一两天能掰回来的，那我该怎么办？

去记录，去打卡。对目前的状况有清晰的概念，很多事情就已经在悄然改变了。

那些与人合作的事项，之所以自己不会过度拖延以至于把事儿拖黄了，是因为我清楚自己的责任，换句话说是因为我怕没做好而拖累了别人，或者让别人认为我没能力吧。我重视这件事，也会时不时和同伴对进度。这一系列的操作，是否可以用习惯追踪打卡这个动作来模拟呢？

希望自己形成某个好习惯，不要只在心里想一想，请把它写下来。光是这一个动作就是有力量的，也是需要勇气的。不然不会有那么多人在1月1日不敢写新年计划。我们下意识会觉得写下来的事是玩儿真的。我都认真了还没达成，那岂不是显得我很差？真的想远了，朋友。我们就从如实的记录做起吧。总得有个起点才好出发嘛。

给习惯打卡一段时间之后我们就能获得一些关于自己的数据了。在过去的31天里，我运动过的天数是5天。这符合我的期待吗？假设我的目标是一周运动3天，那一个月就是12天。

那么目前差不多是做到了一周 1.25 天。我需要腾出多少时间一下子就明晰了。我可以怎么改变一下？最大的困难在哪儿？可能都是我们在看到数据之后马上会去思考的问题。发现了吗？我们一旦有了清晰的数据，哪怕这只是一个月的数据，我们都会自动地去琢磨优化的办法。而且我们非常清楚地知道差距是多少。这让我们在找优化办法的时候能更具体地针对自己的情况想招儿。所有的分析都基于我们日常对自己数据的积累。所以不要小看每日打卡这么简单的一个动作呀！

　　我刚开始打卡的时候还有过这样的情况。我看到别人一直在坚持打卡阅读，感觉很棒，我也学着做起来。一个月下来，我发现这件事非常累赘。究其原因是我那时候压根儿并不在乎我是否每天阅读了！有许多事情看起来美好，但是如果并不是自己在意的，也不对自己有意义，坚持去做只会觉得很疲惫。为了坚持而坚持在手账这儿是没必要的。所以，虽然很多人打卡的页面看起来让你觉得能量满满，在你自己尝试时，还是根据自己的情况去记录最想记录的部分就好。

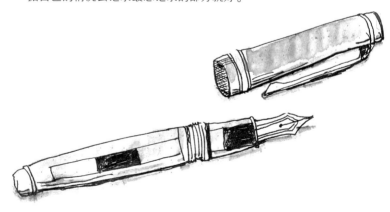

　　　　　　　　　　　　　　　　今天也要好好写手账啊

让习惯追踪更加有效的 3 个小技巧

1. 请把习惯追踪器放在经常能看到的地方。

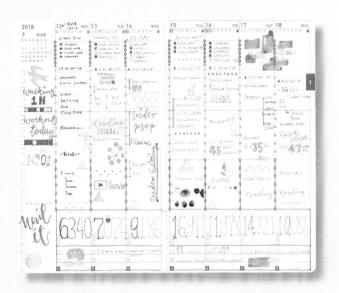

· 周计划页面每天都要翻开写一下，我就把习惯追踪器设置在写的周计划的左边栏里，想不看都不行。

　　尤其在最开始，我们还没有打卡的习惯时，习惯追踪页面需要在一个经常曝光在我们视线里的地方出现。我个人的习惯是保持手账本摊开在习惯追踪的页面。这个本子压根儿就不合上。永远摊开在目前打卡的页面上，让我很难忽略它。

2.选择适合自己的打卡周期。

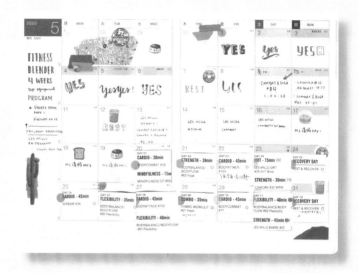

·如果想每月打卡，可以在月计划页面里进行。这是我"运动1个月"的挑战活动，并不容易。

　　我最初是用"月"为单位来打卡。后来发现，因为单位周期有点儿长，就给我一种这样的暗示：如果我连续5天都没给一件事打卡，索性破罐子破摔吧。内心独白是，反正这个月"毁了"。不管了，下个月再说吧。而每个月的第一周似乎都是表现比较好的一周。这说明，"新的开始"这件事对我有很积极的影响。发现这点就好办了！我随即改成了以"周"为单位的打卡。

7 天为一个循环时，"新的开始"加倍出现，果然对我是有用的！在减脂期间，很多人都有容易崩溃的时候吧。管住嘴迈开腿的日子里，我选择 3 天为一个周期。每 3 天拍一次自己的照片，和第一天做对比。这简直是牢固得不能更牢固的一个结构了。稍微想放纵一下的时候，就想到第二天要拍照了。这样坚持一段时间之后，你自然就看到了自己的变化。这种成就感一起来，自觉自愿、自动自发的力量马上就"炸"出来了！所以请根据自己的需要去灵活调整打卡周期吧！

3. 降低打卡门槛。

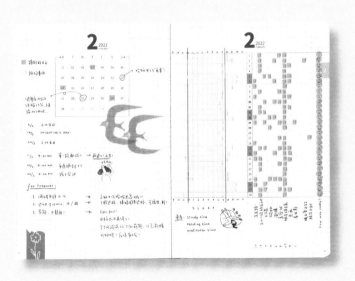

· 对自己别太苛刻，出门走一刻钟就够运动打卡的门槛了。

我这几年都在打卡冥想。起初我对自己的要求很高，要每天跟着一个冥想课程去练习才能打卡。结果好几次出现这样的情况：我今天是计划冥想的，但是非要去跟那个课程我就不太想了，导致最后什么冥想都没做。卡没打上，心里还弄得有点儿憋屈。后来我发现其实没必要。我的目的是在我的生活里根植冥想这个习惯，而不是完成某个课程呀！想明白这件事之后，哪怕就是冥想了３分钟、５分钟，我都给自己打上卡。于是打卡的门槛降低了很多，"举手之劳"嘛，我就给自己"帮个忙"算了。我们既然希望多做某件事，就不要给自己设置那么多路障。难度和要求以后慢慢加，但这件事的前提是有"以后"呀。

我是从习惯追踪打卡开始爱上积累自己的数据的。这也成为我的手账本上使用频率最高的部分。日记可能不写，每日安排也可能会缺席，但是打卡基本上不会忘记。我想，这应该也是因为我从中受益了吧。

手账写得好看的秘密

让我严肃认真地跟你探讨一下怎么让手账写得好看这件事。"手账不要太在意美观","审美是非常多元化又非常个人的",这些出于安全考虑必须说在前头的话,我就不赘述了。

话说回来,虽然美的东西千姿百态,但它们还是不乏共性。如果你苦恼于自己的手账不够美,那这里有三个我个人应用得挺成功的、好上手的小技巧跟你分享。

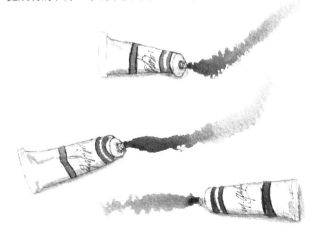

1.排版要留白。

· 千万别怕浪费版面, 四周留白会让画面看起来更干净。

不是说满页的内容不好看, 只是对于很多手账新手而言, 让页面整洁看起来舒服就是"好看"的初阶门槛。我个人的感受是, 在本子四周留出来一圈儿白边, 能显著提高手账的清爽程度! 最初还没养成留白的习惯时, 我会在第一步就把要留白的区域用自动铅笔画出来, 写完手账之后再擦掉。这样整个页面就让人眼前一亮了!

这就跟画画儿一样, 我们先把胶带贴在纸的四周, 然后作画。

今天也要好好写手账啊

画好之后，撕掉胶带的那一刻，自己心中的一幅名画就慢慢浮现出来。这四条白边儿，就有这么明显的作用！

2. 配色不超过三种。

· 颜色越多，
配合起来的难度就越大。
不妨先从简单的配色开始，
配色简单，写起来容易，
看起来也舒服。

这件事我是从经典的穿衣指南里学来的——全身上下的颜色不超过三种。想要手账好看，似乎也能应用类似的原理。尤其是对于那些觉得自己是配色"苦手"（日语用词，指不擅长某种技术或技能等）的朋友，这个原则真的不会出错！

我的思路一般是这样的：首先找到今天我一定会放进手账里的元素，例如今天我特别想用新买的绿色钢笔墨水，今天一定要贴昨天晚上出去吃的比萨的照片（图片以黄色、红色为主色调）。这些是今天已知要放进手账里的，就已经差不多有三个颜色了（绿色、黄色、红色）。那么接下来我所有的选择都会尽量贴近这三种颜色。比如有零碎的空间我想用纸胶带装饰一下，这时候我就选择那些主色调是绿色、黄色、红色的胶带，或者是这三种颜色的任意组合也行。这样一来，这页手账就会有一个比较简单的颜色组合贯穿始终啦！

如果今天只有两种甚至一种主题颜色，这样操作也会好看，会给人特别有整体感、特别清爽的感觉呢！

3. 认真写字。

最后一个技巧是我由衷的建议！写手账的过程不要太急，我们已经急急忙忙一天了，在这样一些短暂的书写时光，是否可以尝试慢下来一点点呢？不要急躁，同时专注地把所思所想转化成文字，一个个写下来。认真写的字就是**认真写的字**，那种徐徐的、不赶不忙的状态，跃然纸上。你也一定会发现，这

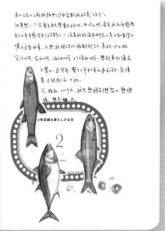

· 哪怕是在空白纸上写字，也要留意把字写整齐。

种状态下写出的字迹更为工整、娴静，不拖泥带水。

　　像练字这种养成类技能，肯定能让手账变好看，可这非一日之功。用心一点去写字，应该是今天就能开展起来的吧。

　　当然我也知道，很多时候我们急需在本子上记录待办事项、备忘等。但那样的时候，我们八成就不会太在意手账是不是好看了吧？所以，在情况允许的时候，请用心书写吧！

　　这三点下来，手账页面应该就挺好看了，是那种舒服的好看。在此基础上，随着手账写得越来越多，你自然就会越来越有自己的风格了。

颜色编码——
性价比最高的
生活数据记录大法

很多小伙伴也许跟我一样，对于记录和积累自己的生活数据很有兴趣。奈何时间是有限的，有时候恨不得发一笔横财请个秘书帮着记录。虽然未必人人都要成为时间管理的王者，但提高一下记录效率应该是人人都向往的。此处我有一个小妙招，我个人认为是性价比最高的记录法。这里的性价比是指花最少的时间和精力，记录最大量的信息。一说你就会的那种，不妨听听看。

其实也不是什么新奇的发现，而是小伙伴们或多或少都听过的一招，叫作 color coding（颜色编码），即在记录时，用不同颜色去代表不同的含义。

今天也要好好写手账啊

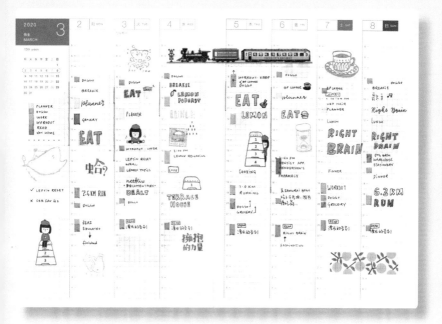

· 在每天的时间轴上用不同的颜色标注不同的事项，就能一目了然地
看出时间究竟去哪儿啦。

为什么要进行颜色编码

时间轴手账上，一天 24 个小时，我们会记录下自己在不
同时段做的事。例如早上 6:30 起床，朝九晚五的阶段是工作，
下班后有和朋友的饭局，回家后依然打起精神做了一套 20 分
钟的高强度运动以消除大餐后内心的罪恶感。这是很粗略的划

分，可能朝九晚五的时段里你还会记录得更具体一些。但大致就是这么几块儿。时间轴所对应的时段上，你都用娟秀小楷记录了一番。一周 7 天下来，应该不会每天都过得一模一样。周末没有工作时段，可能一整天就在家刷剧、写手账了。那么时间轴的记录应当能体现出这个区别。可想一想就知道，这个区别很不直观。因为一眼看过去，全是娟秀小楷。哪些是睡眠时间，哪些是个人娱乐时间呢，还得一个字一个字去读，太慢了吧！

颜色编码这时候就登场了。直接把睡眠时间在时间轴上用绿色荧光笔画一道，个人娱乐时间用红色荧光笔画一道。一眼看过去，一秒钟就能在心里得出一个印象了。这周睡眠时间达不达标，个人娱乐时间够不够，全能得出答案。什么叫效率？这就是了！画几个道道，要不了几秒。看这些道道，更要不了几秒。我们的眼睛对颜色的敏感度和这种信息传导的效率，真是太强大了。花最少的时间，记最大量的信息，于是下周要如何安排，心里也多少有谱儿了。

这个信息记录下来有什么用，每个人的看法自然不同。我喜欢去看自己生活的规律，哪部分想继续下去，哪部分想要改一改，都有现实材料可以依照。可视化、信息量大的记录办法在这里了，要怎么分析各位看着来。

这就是为什么我特别喜欢颜色编码，记录和分析都变得好轻松！

颜色编码的第一步（总共也只有一步）

颜色编码的概念非常简单，但每个人如何使用会有些差异。这个差异从第一步就开始了。颜色编码的第一步，就是去定义一套属于你的颜色系统，你先要选几种颜色出来，然后给它们赋予对应的含义。

我还是以自己为例，给大家一些参考。

我的**日程手账**上会记录每日的待办事项。这些事有的是生活里的杂事，例如需要去超市买日用品，记得去交一笔什么钱；也会有我工作上的事，例如关于产品合作的电话会议、视频拍摄计划等。我会在个人事项前画个蓝色的方块，在工作事项前画个黄色的方块。事情做完，就在颜色方块上做个标记，比如打个钩。（我被新西兰社会"洗脑"了，做了的事前面我会打个叉。怎么标记也随你习惯，事做了就行，你想画只小蜜蜂都没问题。）这片区域内黄色和蓝色的比例就会很直观。每日查看待办事项时，首先会有个印象就是今天工作和生活的任务哪边比较重，从而调整自己的重心。

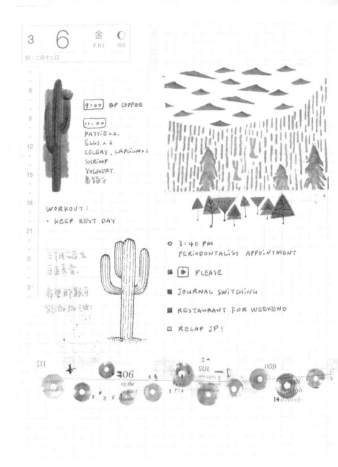

| 3 | 6 | 金 FRI | ☾ 066 |

旧：二月十二日

9:00 BP COFFEE

11:00
PATTIE ×2.
EGGS × 3
CELERY, CAPSICUM×2
SHRIMP
YOGHURT.
島鴿工

WORKOUT:
• KEEP REST DAY

三千以源を
可区复查.

希望邦稣有
強加加油.

○ 3:40 PM
PERIODONTALIST APPOINTMENT

■ ▶ PLEASE

■ JOURNAL SWITCHING

■ RESTAURANT FOR WEEKEND

□ RECAP JP!

希望なんかで腹いっぱいにならない。希望なんかで、寒さはしのげない。
希望なんかで痛みはとれやしない。希望なんかで、亡くなった人は帰ってこない。
希望なんかで、戦は終わらない。そうかもしれないけれど、そういうものでもない。
希望は、主観だ思いこみだ。しかし、希望を持っている者は、なんだかうらやましい。
その小さな光を胸に灯せるかと、じぶんに問う。
　　── 糸井重里が『今日のダーリン』の中で

　　　　　　　　　　　　　　　今天也要好好写手账啊

7 土 ○
SAT 067
二月十三日

将未来4~5天安排好，周末好
晚开始的第一件事以及睡醒。

9:00 BP COFFEE

12:40 STEAK, EGG,
COURGETTE, CELERY,
SHRIMP, 鸟虾子

☐ 「THAT BOOK」

这本书太让人激动了！这个周末全给它，
其他的书暂停。我想看看我的before
after 的变化::

■ MEDITATION

☐ KEEP WORKOUT

最近、我が家では、朝の歯磨きと洗顔を
「男前になる儀式」と言っています。
それまでは食事の後も遊んでなかなか歯磨きしなかった
我が家の小1男子が「ちょっと男前に‥‥」と
いそいそと洗面所に向かうようになりました。
―― 『今日のおかしなルール』より

月	火	水	木	金	土	日
						1
2	3	4	5	6	7	8
9	10	11	12	13	14	15
16	17	18	19	20	21	22
23	24	25	26	27	28	29
30	31					

· 可以用不同颜色的笔去涂小方块。

我还有一本专门用来**记录饮食和运动的手账**，这本手账里到处都是颜色编码大法。在月计划页面，我画了 3 种颜色的线：红色代表重量训练，绿色代表有氧运动，来例假的日子我用蓝色来标记。一个月下来，我的月计划一个字都没写，但是页面上 3 种颜色的道道却代表了很多信息。这个灵感来自我的运动手表佳明（Garmin）的手机端 App。它有一个月计划页面，每日的小格子里一个字没有，都是不同颜色的线。这些线就代表了你的睡眠情况、有没有走到一万步、有没有运动等信息。

· 虽然没有字，但三种颜色就让我自己一个月的表现尽收眼底。

在周计划的页面，我会详细地写出每天我都吃了什么。在认真减肥的日子里，这一天吃得很健康，当天日期就会被涂上绿色；反之，如果不太好，暴饮暴食了，或者吃了很多高热量垃圾食品，就涂上红色。这天的三餐中哪餐吃得不合格，也会用红色标注一下。而没有特别值得用绿色或红色来标注的日子，不去额外涂色即可。透明底色成了第三种颜色，代表的就是该日饮食正常。一周下来，一眼看过去就知道这周吃得怎么样了。至于具体吃了什么，可以再详细去看。但是大致的情况已经一下子就掌握了。

· 怎么显眼怎么画，表现好的日子大大地展示出来（看到背面大大的红色边框的影子了吗？那是我表现不好的日子，一样要诚实记录）。

在运动方面，我会具体记录这一天做的运动是什么，并且在每日填写的框的右上角，用红色和绿色去做个记号。红色代表没运动，绿色代表运动了，就是一个最基本的情况的标注。其实这个灵感，甚至这个配色，来自停车场。每次看到车位前用红绿色的小灯标明这里有没有空位，都觉得很直观，表达得又精准。于是我连人家的配色都一并移植到了我的本子上。

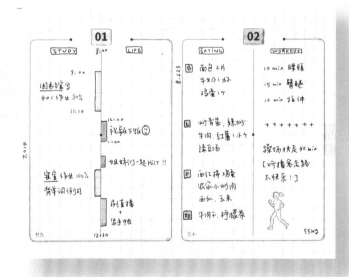

· 在日期小方块上涂颜色的灵感来自各大地下停车场。

所以呀，颜色编码真的很简单吧。只需要自己选几种颜色出来并且赋予它们含义即可。选择颜色最偷懒的办法就是从手边的文具里去选。如果希望视觉冲击强一点，就选择差异比较大的颜色组合。市面上很常见的双头荧光笔非常适合用来进行颜色编码。粗头这边画出来就是 4 毫米左右的粗线条，可以用于高亮需要注意的地方，也可以用来在月计划等地方画线；细头这边更像我们常用的彩笔，大概 1 毫米的粗细，适合在时间轴等空间小一些的区域做标注。至于要赋予什么意义，就真的要你来结合自己的需求想一想了。我虽然列举了自己的使用方法，但是你和我这两个"哈姆雷特"，我们需要记录和在意的事情是不同的嘛。所以请结合你的手账和你的生活来制订属于自己的颜色编码系统吧！

赠送两个小技巧

1. 选出太多颜色，其实等于没选。

还记得前面时间轴的例子吗？我说了睡眠和娱乐时间这两块，用两种颜色来标注。但是如果我们把所有的事件按照属性都罗列出来，每个属性一种颜色，可能最后要弄出 10 种颜色。吃饭、通勤、工作、阅读、外食，统统有自己专属的颜色，这样岂不是更清晰吗？不，这样会乱。一眼看过去，整个页面花花绿绿，细密交织。记录上没省下多少时间，去看去分析时一时半会儿也得不出什么结论。各个儿都是 VIP，就没有 VIP 了。

所以，简化一些反而更好。把你最希望去了解的自己生活的几个部分标出来即可。别忘了，你随时可以去调整这个系统。现阶段的重心和两个月之后的，未必相同。

2. 在开始阶段，把你的系统写在本子上。

刚开始使用自己的这套颜色编码系统，可能会忘记自己把什么颜色赋予了什么意义。所以干脆把它们写出来吧。好记性不如烂笔头。之后如果这个系统需要再做调整，可以再次记录下来。这样，一方面给现阶段的自己提个醒，另一方面也可以给未来那个重新翻起这个本子的自己做个参考。

当然不需要每周都重新写一遍。只要你用熟了，就不需要写出来备忘了。别人不小心看到了你的本子，也不能一下子看明白这些颜色是什么意思，顺便还带点儿隐私性。

以上就是在手账上的颜色编码，我历经多年实践总结出的性价比最高的生活数据记录大法。

今天也要好好写手账啊

一支钢笔的快乐

　　手账爱好者中有不少人同时还有另一个身份，钢笔爱好者。写手账嘛，每天都会或多或少花些时间在"写"上。书写的体验会因为使用的书写工具和选择的纸张而大不相同。钢笔，至少我这代人，在小时候还都使用过。英雄牌暗尖钢笔，出墨特别顺畅，但是笔墨留下的痕迹对于作为小学生的我来说太粗了，我还会专门把钢笔尖反过来写。那时候用的上墨器约等于一个半透明软管，捏几下，墨水就吸进了它的肚子里。黑色的碳素墨水是标配。如果家里有蓝色或者蓝黑色墨水，那写作业的心情都似乎不一样了。手指上不知何时染上的墨水渍很难洗掉，像是钢笔使用者的胎记。

　　我想这段记忆，能令许多人产生共鸣。小小的手握着大大的钢笔的时光，在你记忆里是什么味道的呢？好开心啊，长大之后因为写手账，手写这件事依然还在每日的生活里延续着。小时候那种郑重地给钢笔上一管新墨水的心情，又得以一次又

· 我喜欢（并拥有）的钢笔可以铺这样一桌。

一次地在长大了的我心上重现。

　　即使在这个追求"快"的时代，有些事，你不得不承认，它的魅力跟"慢"脱不了关系。而不明白其中的魅力的人，就会皱着眉特别不解地问你这有什么意思。工夫茶、手冲咖啡、刺绣、用钢笔书写，慢死了！殊不知啊，这些人就是慢慢悠悠玩得津津有味。这些事往往都有一套挺复杂的程序，而这套程序似乎也是一种仪式。在一步一步跟着程序走的过程里，熟练的操作甚至都不用过脑子，肌肉记忆一般。手上操办着，心里

· 从左至右依次是几十年前的万宝龙 222 钢笔、中屋限定款钢笔和
并木（Namiki）流星钢笔。

静得好像一丝风都没有。对于喜欢这些事儿的人而言，这样做
非但不麻烦，反而是治愈。

　　写字，对于我而言似乎是一种郑重的表达，和张嘴说话比
起来，总是要再斟酌一番的。即使我写的是不会有第二个人看
的日记，我也下意识地想要把想法写得清晰准确些（写日记尚
且如此，写书就更慢了，这就是为什么这本书可以被我拖那么
久）。而用钢笔写字，在开始写之前就比别的笔要多出一步：
多数钢笔的笔盖是需要旋转打开的。因为钢笔笔尖是比较脆弱的，

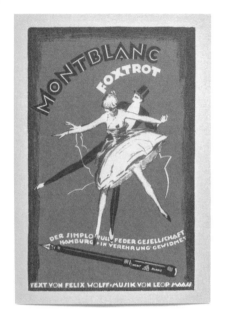

·万宝龙大班系列146钢笔。

所以旋转笔帽更安全，误开的概率更小。这是将头脑里的想法倾泻出闸前的一个休止符。左右手配合旋开笔帽的工夫，正好收一收神，准备进入书写模式。

如果你有闲工夫，可以做一个实验。分别拿出钢笔、中性笔和圆珠笔，只需提溜着笔尾，任笔尖在纸上乱画。八成你会发现，只有钢笔能留下清晰连贯的线条，中性笔和圆珠笔甚至可能一点颜色都留不下。用钢笔写字不必费力。因为笔尖出墨顺畅，你不需要施加很大的力气去把笔尖压进纸面，字迹就足够清晰。只不过我们这么些年来习惯了中性笔和圆珠笔，所以一开始写钢笔字可能依然会去使出过大的力气。一旦适应之后，你会发现用钢笔写字，写很久也不会累。甚至没事也会想旋开笔帽写两笔。

当初我在网上搜索手账相关的信息，经常看到手账爱好者用钢笔书写，就产生了好奇心。于是我也买来一支。这时候距离我小时候用英雄钢笔已经过去了 20 年，上墨器也不再是一根软软的管，钢笔墨水的选择可以让你挑花了眼。就在笔尖接触纸的第一下，小时候熟悉的感觉全都回来了。我想也许是因为用钢笔，我才真的喜欢上了写字。这不单单是一只手参与其中的过程，你的各种感官都会打开，手脑并用都说少了，眼睛、耳朵和鼻子一个也没闲着。钢笔写字的"沙沙"声对于手写爱好者的耳朵来说是美妙的音乐。墨水按照你规划的轨迹精确地从笔尖流出，组成你脑中天马行空的想法。墨色因为写字时施加的力道和书写速度的变化而产生不同的明暗。写几行字之后再看，文字的颜色起伏好像小小的浪，这便是耳朵刚刚听过的乐谱。

书写的手感其实非常微妙，用文字来表达很受局限。我从买第一支钢笔之后就跌进钢笔的消费"深坑"，到目前已经买了几十支钢笔，越发觉得钢笔的书写手感丰富，不同品牌的不同笔尖都打磨得有独特的味道。更何况钢笔本身就是个美好的小物件。从笔尖的雕花到笔杆的用料，处处细节都可讲究。不同钢笔配不同的墨水，写起字来的感觉又不一样了。

虽然我现在拥有了这么多钢笔和墨水，可最珍视的还是刚开始的那一段儿书写时光。那时候笔就一两支，墨水一两瓶，

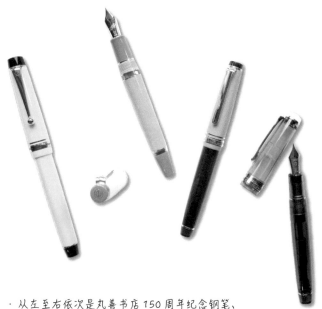

· 从左至右依次是丸善书店150周年纪念钢笔、写乐源氏物语系列钢笔、写乐白俄鸡尾酒（White Russian）钢笔和写乐2020鸡尾酒限定款钢笔。

用来用去左右就是那么一点儿东西。所以使用频率极高，感情培养得也是极好。我记得一开始买来了一支台湾生产的三文堂钢笔。上墨一写，真是顺滑好使！笔身是全透明的，能看见墨水在笔杆子里被重力牵着跑，有趣又美好。可是这支笔特别"大水枪"（出墨量大），我字不大，写出来的笔画都会糊到一起。可是我真的很喜欢这支笔，硬写，非要写。就这么写下来，两个月之后，笔尖完全不"水枪"了。后来我才知道，很多东西拿到手的状态即巅峰，越用越磨损，越用越旧。但是钢笔不一样，钢笔是个需要去相处的伙伴。你拿着钢笔书写的过程是在告诉它你会如何对待它，它也在学习该如何对待你。你们在互相了解对方的习惯。书写一段时间之后，钢笔会被磨得更趁手。这个过程就好像是在驯服。一支钢笔如果能陪伴你许多年，并且经常被使用，那它对你一定是独一无二的存在。就算再买一支一模一样的回来，也不可能是一模一样的感觉，那几年的时光不是白过的。

我喜欢那段时光，因为我那时候还不"花心"，每天就用那支笔写字，写很多字。其实到现在我也不知道是因为驯服了那支笔还是某次换对了墨水，它才变得如此趁手。但总之，一段时间之后，那支三文堂钢笔变得特别好写，我爱不释手。现在看来，这肯定不是我买过的最好的钢笔，也不是最贵的钢笔，也已经很久不出现在我的"年度爱用钢笔"榜单了，可是那段时间一心一意的书写，给我留下了难以忘怀的时光。我也时常回忆起那段日子，提醒自己文具是买来用的。在我眼里，文具不被使用就有点儿辜负它了。

后来我陆续收了好多钢笔，经常在视频里和大家分享一二，也会收到很多反馈。这个过程告诉我一件事，钢笔书写和阅读口味一样，非常私人。每个人喜欢的书写感受不尽相同，钢笔也因为生产的品控关系会有个体差异，更别提还有那么多不同的墨水和纸张。书写体验的变量实在太多。我从分享的反馈里也看到了这一点，对于一支笔大家会有两极化的评价。换个角度来看，这事也很美好，说明各种各样手感的钢笔都有人爱，各种各样的钢笔设计都有人欣赏。所以钢笔不好推荐，有耐心

· 从上至下依次是百乐743钢笔、百利金M800钢笔、
百利金M400钢笔、并木流星钢笔和百乐845钢笔。

去写、去磨合的话，很便宜的钢笔也能成为你的书写利器。

　　说了这么多，也无非是我的个人感受。我也懒得一点、两
点、三点地向你汇报钢笔的好了。只希望如果有机会，大家能
遇见一支自己愿意耐心去使用和书写的笔，好好写它个一年半载，
然后来和我聊聊用钢笔书写的乐趣。

　　我等着你。

30 天电子手账
大作战

　　读到这里，想必你对我有多喜欢手账和文具有相当程度的了解了。说实话，几年前，一大批以写手账为主题的 App 横空出世时，我个人是非常嗤之以鼻的。在我看来，这些 App 的设计给我一个暗示，手账就是花花绿绿的一篇东西，设计者好像在使劲去抓一个表层的所谓的"手账"形象。无非就是一大堆可爱贴纸的堆叠、不同字体的填充、现成模板的套用，在我看来，这就是还不太明白手账爱好者的需求。

　　其实到了现在，过去那批红极一时的手账 App 也不知是否继续在经营了。不过"电子手账"的概念却是越来越经常地出现在各种社交平台上。现在的电子手账也呈现出越来越多元化的风格，很多使用者会在一些设计用来做笔记的 App 中，灵活地运用各种功能来完成自己的生活记录。现在这些分享中展示的不再是对手账的刻板印象，而是一个个生动的人和他们丰富多彩的生活！可这终究是在电子产品上写出来的，总觉得味道还是哪里不对。不知道我当时心态是不是有点"原教旨主义"，我动了心要试试这新奇的电子手账，不然批评起来毫无根据总是不太好的。我决定彻底抛弃纸笔记录，用 iPad 上一个叫 Goodnotes 的 App 进行一个 30 天的电子手账大作战。

30 天电子手账大作战

这对我还真是个挑战。死心塌地地爱过那么多笔、本子、印章和胶带，一时之间桌面全清空，就剩下一部 iPad 和一支 Apple Pencil，我往那儿一坐还是挺不适应的。忽然过起没有文具陪伴的生活了，手里拿着 Apple Pencil，内心感受相当复杂。

"你也能说自己是支笔？"

朋友跟我分享了国外博主自制的手账模板，我看了之后觉得有些地方喜欢，有些地方不适合我，最终还是想起那句老话"来都来了"，试就试个大全套吧。我决定从自己制作手账模板开始。

其实"模板"这词我都用大了，我所做的就是依据自己的喜好去制作一个手账封面图，画了一张月历表格，设计了一个每日填写的版式。别看我这么轻松一句话就概括完了，当时制作的过程还是感到有点儿烦琐的。我想要一个什么样的东西自己很清楚，这个 App 对我来说却是陌生的，很多功能和设置需要一个个去学习。光建模板就用去了好几个小时，但完全是按照自己的心意去打造的。过程中，我感受到的新鲜、有趣远远多过刚上手一个新 App 的那种陌生感。

第一天算是做了个准备工作，第二天正式开始使用我的电子手账。

· 电子手账上的"每日一图"可以清楚标明当日重点。

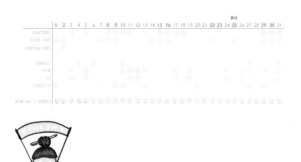

· 在电子手账上也继续进行习惯追踪打卡。

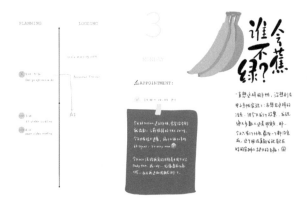

· 电子版的"一日一页"手账。

· 实在忙的时候，一周就只写一篇周记，看上去还有点儿杂志风呢！

今天也要好好写手账啊

这"本"手账的内容大致是这样的：在月历中，每日一个小格子被我用来放我的"每日一图"。这是我从网上的很多分享者那儿学来的。每天用一张照片来代表。等一个月结束，这张月历会变成什么样呢？我还专门为自己在月历边上设置了一个版块，是在一个月结束之后去记录"本月高光时刻"的，希望有内容可写。第二部分就是每日的计划安排。在这次电子手账挑战中，我尝试了自创的一种时间轴，可以说是我后来设计的 PAL 手账的最初版吧。这部分主要是每日计划，而日记的部分我就没有严格设计版式。有空的时候每日都记，没空的时候一周一记。

虽然打一开始就不看好电子手账，但既然决定要做，那我肯定会想办法让电子手账成为一件令我期待的事。在这几个版块的设置上，功能尽可能简单，每日任务量不重，而且都是我希望记录的部分，我想这样坚持下来问题应该不大。尤其是"每日一图"，这是我过去在纸本手账上想都不会想的一个点子。现在我们习惯用手机拍照，最后这张照片要贴进手账本月计划的小格了里，这中间的步骤可太多太麻烦了！而在电子手账上实现"每日一图"简直不费吹灰之力！也许唯一的难度就是提醒自己每日拍照吧。不，其实"每日一图"也不限于自己拍的照片。今天一直循环听的唱片封面、最近在读的书、看过的电影的海报，这些统统与我有关，都值得一个"每日一图"的位置。我忽然发现，天啊，整个互联网上的图片全是我可以轻松利用的素材！它们都可以轻松地被保存下来，插入我的电子手账，而且 Goodnotes 还能直接抠图，仅保留我想要的部分。这一刻，我忽然感到，不好，电子手账好像有点儿内容。起码这才刚开始，我就发现了电子手账的一个巨大优势，这优势似乎大到纸本手账够都够不着。

接下来，每天我就按照预先设计的想法来写电子手账。"每日一图"一直是我很重视的部分，我甚至发现写了这个版块，日记都可以不必写了。插入图片之后，我偶尔还会在图上写一些描述性的文字，这和日记不是就差不多了吗？每日计划的部分也是我很在意的，因为我终于有机会实验我一直想试的时间轴了。整体来说，这 30 天的挑战我不仅坚持了下来，而且是很认真地完成了。这时，我对于电子手账的看法和没试过的时候相比，真的发生了很大的变化。虽然 30 天不够长，不过我还是希望在这里和你分享我对于电子手账浅尝之后的感受。

电子手账的优势

好吧，我承认，电子手账有优势，而且优势挺多的。虽然也有劣势，但是我们还是友好一点，从优势说起。

1. 图片的使用很便捷。

任何与图片相关的事情，在电子手账上操作真是太不费事了，我每天不放进去点儿照片我都觉得划不来。例如有天去吃了麻辣烫，喝了奶茶，我希望把这些放进每日一图。我需要做的就是导入我相册里的麻辣烫的照片和奶茶的照片，用 App 里的抠图功能保留主体，把背景都去掉。然后去网上找到了这家店的商标，下载之后也用同样的办法仅保留商标，去掉背景。最后用我喜欢的方式摆好这 3 个素材，大小缩放到适合放在当天的日历中。搞定！前后最多花个 5 分钟，绰绰有余了。关键是最后的效果我非常喜欢，而且都是免费的呦！

我是这一次发现，照片可能是让手账变得丰富、有生活感的最快方式！以前我因为喜欢画画，有时候会选择用水彩去记录每日的一些场景。但说实话，这还是挺有门槛的。如果不会画画，也不愿意尝试呢？照片当然是最简单的选择啦！一秒带你回到那天的生活。而在纸本手账上贴照片，需要用打印机，可能还涉及拼图等。很多朋友会攒个好几天的照片一次性去打印，回头再找时间来贴进手账。总体来说，这两种体验做比较，在纸本上贴照片自然是时间和费用成本更高的。

除了照片之外，网上还有无数好玩、有趣的图片素材。我们手账爱好者多多少少都买过一些胶带、贴纸，这些就是用来做手账装饰的。如果是装饰电子手账，那就不必买了。网上的素材实在太多，连各种表情包都能放进手账里呢！

2. 可以随时随地写手账。

无论你去哪里，带上的 iPad 和 Apple Pencil 就是你所有的手账装备，能满足写手账的所有需求。有一部分纸本手账爱好者也是这么轻装上阵的，一支笔、一个本儿就是全部，可我就不是了。我是一会儿画画，一会儿写字，一会儿贴胶带，一会儿粘便签那种。随时随地写手账我也许能做到，但是可能无法百分百做到我想做的所有。有的本子很沉，随身背着是个负担；有的时候没有带水彩，不能尽兴作画。总之不方便之处还是挺多的。而这些不方便在电子手账上可能还真不存在。

不过话虽如此，电子手账其实还需要一个看不见的东西，就是电！这一点在现代社会似乎不是问题，但有时候也可能是阻碍，我在劣势部分会提到。

3. 再也不怕写错字了。

许多人其实对于在本子上写手账有点怕，怕自己写得不够美，怕有错字，怕事项的更改。那电子手账可能真的是个解法。我用过的擦得最干净的橡皮，果然还是电子手账的橡皮啊。有好多时候我真就是一个字反复改，写到满意为止。写大了或写小了都没问题，也方便直接更改尺寸，不必全部重来或是把不完美一直留下。更绝的是你也可以不写字，把需要文字的地方全部打字打出来。这字总是够漂亮了吧！不够的话，咱们就换个字体，换个颜色，全部轻而易举。

4. 投入的成本是一次性的。

电子手账的投入成本几乎是可以清晰说出来的。需要用到的设备是平板电脑和触屏笔，另外还需要一个 App。我用到的Goodnotes 需要一次性购买，但这是个人选择并非必要。其实在系统自带的日历里做日程规划就已经足够了，普通的备忘录等 App 用来记录生活也是可以的。可以说，这个前期投入比较大，但是很值得。其实很多人在了解"手账"之前就已经有这些设备和 App 了，对于他们来说，电子手账是零成本"拎包入住"。这些设备一般来说用上几年不会有问题，而且功能十分强大，不仅有写电子手账这一条。

而且，电子手账可以有无限多的版式和设计。使用者可以自己设计，也可以选择别人分享的模板。对于一个挑不出手账本的人，在电子手账里可以很容易地把每种感兴趣的模板都试一遍。我就趁这个机会实验了我一直想试的手账模板，也因此才决定将这个模板用于我自己设计的手账本。

纸本手账需要花多少钱我单独写了一篇文章来分享。这个开销固然是因人而异，但是持续写一定伴随着持续投入。毕竟本子和笔总有写完的那天。对于一个想尝试不同手账设计的使用者来说，纸本手账的成本要高一些。

5. 可以多端同步。

纸质的手账本只有一本，而电子手账可以有无数复本。只要你登录账号，这些记录过的东西就全部都在。这对于记录日程特别方便。不管是家里的电脑，还是工作的电脑，甚至是随时带着的手机，一切计划和安排都是同步的。一旦修改，处处更新。

我把手账本分得比较细的时候，工作手账和日程手账上的内容会有一定的重叠。一件事一旦有了新情况，我可能需要两边都去做修改，其实有点儿麻烦，也容易出错。

电子手账则有点儿类似云端办公的概念。所有记录在册的事儿，你随时可以调出来查看。

电子手账的劣势。

1. 需要充电。

iPad 和 Apple Pencil 的确好用，但是一旦没电也只能干瞪眼了。这些设备的功能强大，所以生活里用到的场景挺多的。等你要写手账的时候，它并不一定有足够的电。当然，这也可以解决，可总归是个要注意的点。我因为使用的是 Apple Pencil 一代，每次充电它都得插在 iPad 的充电接口上，导致给它充电时，iPad 就不能充电。这件事给我造成的麻烦还是比较大。

2. 电子有电子的逻辑。

在纸本手账上，如果我想贴一张照片和一张小贴纸，是不是不用怎么动脑子的事儿？想一想觉得很容易吧！贴完之后在旁边写一点文字，写在便签、照片或本子上，也很容易操作吧？但是在电子手账上，会有一个"图层"的问题。简单说就是谁压着谁，需要专门进行操作。

以我用的 Goodnotes 为例，它并没有"图层"这个概念，其背后的逻辑是先导入的素材就在最下面，第二导入的素材就

　　　　　　　　　今天也要好好写手账啊

在上一层。所以你如果先导入了便签纸，然后是照片，那么照片就在便签之上。这时候如果希望反过来，实现便签纸压着照片的效果，就会有点儿小麻烦了。不是不能解决的事儿，但是这时候会怀念一下纸本手账，自己把两个素材换一下位置就好了嘛！

不过不同的 App 有不同的特点。Goodnotes 是我看到最多人使用电子手账时的选择。不排除以后它会去优化这个部分，也可能会有其他好用的 App 出现呢！不过无论如何，每个新 App 的操作都是需要学习和适应的，而在纸本上写字贴东西，似乎是我们天生会做的动作。

3. 电子屏幕容易让人分心。

在这次挑战之前，iPad 对我而言主要是用于娱乐和画画儿的。而写手账的时间于我而言，更多的是静下来去回顾或者展望生活。说实话，很多次电子手账写着写着，我就打开了视频或者购物网站。我相信这应该主要是我个人的问题。这个设备在我的生活中长期就是用来玩儿、消磨时间和花钱败家的，总之，就是"静下来"的反面。也许短短 30 天我还没有成功建立起和这个设备的新关系。面对纸本的时候，我的状态会更加心无旁骛。

我曾经听说有科学实验表明，用纸笔写下的笔记或者备忘印象更深，记得更牢。但我主观认为这肯定分人。即便用纸笔写的，如果之后不经常去看我也记不牢。但是写电子手账，因为写着写着就手痒打开某个网页看起来，在这个写的过程里我就已经忘了自己本来要写什么！在我这个个案上，完全是纸本手账胜出。

4. 有数据丢失的风险。

很多网上的朋友跟我分享过这种经历。电子的东西毕竟不是实体，数据丢失的风险确实存在。有的人是在一些App里记录了好久，某天这个App就下架了，不继续经营了，并没有通知到每一位使用者，所以过去的记录就这么不明不白地没了；有的人是App看上去一切正常，只是自己的数据空白了。

估计很多人有过类似的心塞时刻。辛辛苦苦做的PPT没保存，熬夜写的论文丢失，等等。虽然现在越来越多的App都在完善这一点，但数据丢失的风险依然存在。

我这30天的挑战中，没有经历这么惨烈的事。不过因为我插入大量图片，导致我的电子手账文件特别"重"，后期在进行一些操作时居然出现卡顿。这让我想到一位朋友跟我分享说，她以前用PPT做手账，后来太卡了导致放弃。

电子手账会卡，这一点还挺影响写手账的体验的。

5. 书写体验无法与纸本手账相比。

虽然我整本书都特别主观，但是这一部分我真是要好好地"主观臆断"一把了！我最初对电子手账不看好，说白了主要是因为它无法让人体验到书写的快乐这一点。虽然iPad上可以做出不同笔、不同媒介的效果，要毛笔有毛笔，要钢笔有钢笔，要水彩有水彩，可是你手上的体验都是捏着Apple Pencil在屏幕上摩擦。我理解对这个没有执念的朋友会觉得无所谓，可是我"有所谓"！毛笔的弹性、钢笔的阻尼感、水彩的交融，在电子手账上都无法模拟。电子手账能做出非常美丽的最终效果，但是过程分我打不了太高。我恰恰是喜欢写手账过程的人，电子手账能满足我的视觉期待，但手感上是荒漠一片。

许多手账爱好者会在意笔的书写感、纸张的光滑度等，因为这些细小的差别带来了很丰富的书写体验。不然为什么很多人不为什么，无事记录，也要大篇幅地书写？其实不是闲得慌，是喜欢这个过程，有反馈，有变化，有瑕疵。

电子手账在某些方面的极尽完美有时也让我不喜欢。比如：贴上的东西都不会翘角，写过的铅笔字不会蹭糊，不用等墨水变干，不用担心印章会透到下一页。虽然有时候我嫌弃这些时刻，可当一切都那么完美，我又开始怀念了。不知该不该说电子手账更虚拟、缺少存在感，可我真是全身心地想要拥抱纸本手账的一切瑕疵和错误。哪怕是用橡皮擦去错误之后留下的不干净的印迹，都让我觉得真实。写错的字也曾存在过，留下过痕迹。

这就是我为期 30 天的电子手账大作战。时间太短，只碰了个皮毛，但这个从无到有的体验，令我感触良多。从最初带着对电子手账的无数偏见入场，到扎扎实实地设计模板，填入每日的生活，许多偏见得到修正，全新的感悟冒了出来。也是通过这次经历，我才更加确认手账对于我而言，过程的体验甚至大过对结果的期待。

结果显而易见，我无法放下对纸本手账的热爱。但我真心认为单就手账的功能性而言，电子手账全部做得到，而且有诸多便利之处。如果不是像我这样对书写体验有执念的人，电子手账太值得一试了！

　　我回到了原来的纸本手账里，但是每日一图无法割舍。因为这 30 天的体验，我养成了拍照记录生活的习惯。一个月的每日一图完成之后的那种成就感和充实感，是明晃晃的对生活的热情和对每一个片段的珍视。许多人都曾经抱怨生活好无趣，手账上没有什么可记录的。我也有过这样的时候。可当我提醒自己每日去观察、去记录之后，似乎真的越来越能发掘出生活里的各种乐趣：可能是忽然翻到的小时候的照片，是健身前后的变化对比，是公园里我的狗和我踩过的湿湿的脚印，是外卖送来的垃圾食品。没有一张图特别，又张张都特别。每日一图让我清晰地看到原以为无聊的生活是多么的充满生趣。回到纸本手账记录的我，就这样保留了在电子手账上每日一图的记录习惯。

　　所以我来说，电子手账和纸本手账各有各的好，可以互为补充。这不就像我们的生活吗？有现实世界里的烟火气，也有赛博空间里的肆意游荡。而我为啥非要只选其一呢？

怎样找到自己的
手账风格

我刚写手账的头两年，非常沉迷于寻找到自己的手账风格。说真的，很难。喜欢的手账大神们发出来的手账分享图片，扫一眼就能分出谁是谁。从字体到色调到装饰风格，都太有他们各自的特点了，很难看不出区别。心中暗暗希望早日能写出他们那样个性鲜明的手账来。

我知道你也许听不少人说过下面这些话（我后面也打算说一说）："不要过度纠结你手账的美观程度"，"写手账的过程才是最有趣的"，"规划和记录是第一位的，美不美是其次啦"，"尽兴就好"。但以我一个"过来人"的经验来说，多数人还是希望手账写出来是自己觉得好看的吧！除了把手账纯粹当作工具用的人士之外，把手账也视为爱好的人或多或少会有一个阶段，即在手账美感上下过功夫。这不是说一定要去拼贴或者画画，而是在每一个有选择的时候，做出那个最能代表"我是我"的选择。而寻找手账风格，大概就是去了解哪些选择最能代表"我

Remember
verb
1 to recall to the mind by an act
 or effort of memory; think of
 again; recollect
2 to retain in the memory; keep in
 mind; remain aware of
3 to have (something) come into the
 mind again:
4 to possess or exercise the
 faculty of memory.

"假如不能让所有人开心，不就自己开心

"就算让所有人都开心，在现实生活中也
不可能的，只会自己自忙活而已。索性一
不休，只管按照自己喜欢
方式，做自己最享受的
最想去做的事情
这样一来，即
评价欠佳
的销路不
也可以心安
得了"嗯，
关系，至少我
是享受过

keep
writing
traveling
too

076　　　　　　　　　　今天也要好好写手账啊

起那些愧疚感，又没有对不

任何人。STOP YOUR SENSELESS

ANNING 😊

朋友聊了许多近来心中所困惑

也获得朋友的真心话，喜

晨委婉版本。没有一句让人

难，仿佛是自己问自己的时

后，但又深知事情有许多面，

都不是你，谁也

会有自己的理解

法。SO DON'T WORRY

E HAPPY. IF YOU'RE

T HAPPY, YOU'RE

DING IT WRONG!

September 17

·这是我自己非常喜欢的一页手账。

是我"。

我的手账风格你在哪儿？我真的极为认真地寻找过，甚至选择了一两位我喜欢的手账达人，开启精读模式仔细研究他们的手账图片，指望从中找到通往自己手账风格的大门。现在回想当初做的这番努力，我很想问问当初那个求知若渴的自己，你为什么会觉得你的手账风格在一个地方坐着等你呢？"怎样找到自己的手账风格"中的这个"找"字，有点儿不对劲。哪些选择最能代表"我是我"，这件事靠"找"很难找得到。我们需要去实验，一直实验，然后渐渐发现。

实验

最开始写手账时总会有那么一段时间，接触到的信息量大到爆炸。原来手账本有那么多种，居然笔还有这么多名堂，一行小标题竟然可以写出这么多种效果！从手账本到手账工具，再到手账用法，似乎每一个小小的环节都可以有无穷的变化。不去试试，怎么知道自己写起来是什么感觉呢？

那么就从最让你喜欢和向往的那种开始吧！如果你是因为别人满满都是效率感的时间轴手账开始入坑的，那就从时间轴手账开始试试吧；如果你是因为看到清新可爱的拼贴风手账而开始感兴趣的，那么就从拼贴入手吧。并不存在一种最合适的"入坑"姿势，最吸引你的就是最值得首先试试的。

在这个最初的实验过程中，我们会对自己有一个快速、全新的认识。

"我居然每天'摸鱼'5个小时，有点儿夸张啊！"

"我用圆珠笔写字怎么看着那么怪，下次还是用中性笔吧。"

"每天画一画吃过的东西好有意思，虽然我画得还不美，但是依然觉得好好玩！"

"今天拼贴了一页，颜色好像弄太杂了，明天试试简洁一点的搭配好了。"

每一次有这样小小的体会，都离属于你的手账风格更进了一步。关键就是去试，因为我们也没有我们想象的那么了解自己。有时候试着试着，会发现许多惊喜。

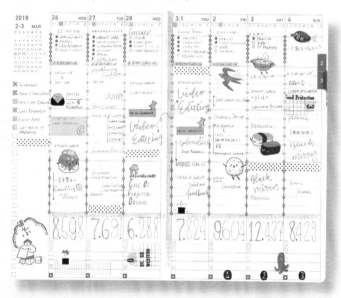

·回看手账的时候，看到自己每天早上6点多写下的"RISE&SHINE"（起床啦），觉得元气满满！

一直实验

我们的实验可能从一开始的广撒网模式，渐渐缩小到几个小领域。从我自身的经历来看，这就是一个逐渐找到自己擅长什么、自己在哪方面有天赋的过程。没想到吧，写手账而已，还挖掘出来自己这么多年都不知道的天赋，真是太不亏了！而且我还真没开玩笑。

我开始写手账的时候，跟大家一样，在网上看了好多别人晒出的手账。你想，愿意去网上分享自己手账的人，是不是多半还是觉得自己手账弄得略美、略棒，才会去分享的？所以，我一开始就看到了好多大神之作！起码在那时候的我看来，是各个精美、丰富，令人含泪向往。含泪的部分，是因为我断定自己是做不到他们那样的。但是这也无所谓，我又没有想要当手账达人（当然如果不小心当上了，我觉得也是略酷的）。

学着别人的手账去拼贴胶带，去贴照片，去把杂志上的小人儿剪下来贴到本子里，等等。试过一圈之后，我发现最吸引我的就是那种手绘和文字结合的类型。很自然的，我就也开始在手账本上画画儿了。一开始画的，真是自己都看笑了（开心值每日增加）。作为一个画画零基础的人，我的绘画思维之"轴"，令我自己都惊叹。我记得我画过某个周末去吃的广式早茶里的叉烧酥。一顿狼吞虎咽之后才想起要拍照，为时已晚，叉烧酥的数量由原来的 3 锐减至 1。那也得拍啊，不然回去怎么画。回家来到书桌前，照着照片就开始画。果然画了一盘儿残羹剩菜。硕大的盘子上，在中间偏右的位置，躺着一枚叉烧酥，和照片上的摆位一模一样。如今的我，起码还是想得到把叉烧酥画3个还原成一盘的。再不济我也可以把仅剩的一枚画在盘子中间，假装成摆盘的一种吧。当年的我主打"真实"，照片里怎么摆，我就怎么画。我那时候每天都画，于是每天收获"惊喜"，想的和画的绝不一样！

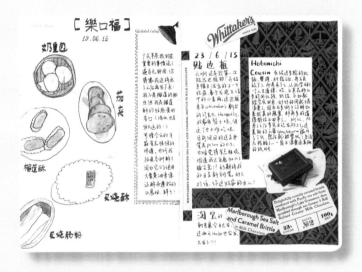

· 因为忙着吃，忘了画而造成的孤独叉烧酥。

这时候可能很多人就被劝退了。

"我不是画画儿的料。"

"画画儿太难了，我没有那种画画儿的手。"

"算了，我就不适合画画儿，根本画不好。"

"我这不是画画儿，我就是浪费颜料，糟蹋本子！"

我很理解，甚至非常熟悉这样的想法，因为我本身就是很容易被劝退的一个人。我害怕挑战，并且畏惧重复。可是我却发现自己愿意每天在手账本上画画儿。你说怪不怪？又难，画得还不好看，每天乐此不疲个什么劲儿？我也不知道，但是我也无所谓，我的画又不需要结集成册发表出来。我只确定一件事，就是画的这个过程我很喜欢，感觉非常有趣。那就画吧，管它画成什么样呢？

发现

于是自然而然地，我就开始每天在手账本上画画儿，几乎一日不落地画了半年，填满了 2015 年 Hobonichi 手账的下半年册。当我发出我的手账图片，我收到越来越多这样的评论：

"你真有毅力！每天都画画儿，太赞了！"

"肉眼可见的进步啊！"

"哇，画得好好看！"

"超喜欢你的风格！怎么才能找到自己的手账风格啊？我的手账太难看了！"

等一等，发生了什么？我怎么仿佛收到了半年前的自己发出的评论呢？让我捋一捋。

我，手账新手，苦恼于没有自己的手账风格，手账很难看。

· 写手账的头半年, 我从零开始尝试画画儿。

· 2015 年的 Hobonichi 手账, 每天吃的蔬果也画下来。

渐渐地我发现自己很喜欢在手账本上画我的日常生活，就开始每天都画。我画得当然不好看，我也没学过画画儿。但是画得好看不是我的目的，因为我喜欢的是画的过程。所以我就画了半年手账。然后，boom（爆炸性时刻）！他们说我画得好看并且说我的手账有自己的风格！

曾经，我以为天赋是一种天生就有的能力。而现在我发现，天赋也许更多地表现在你更愿意在什么事情上去接受挑战，并且重复、重复再重复。又难又无聊的事，在你眼中却充满乐趣。对，就是这种发现乐趣的能力。甚至有些时候你未必擅长做这件事，可这不妨碍你觉得这事儿有意思！你愿意不停地练习，日复一日，于是你收获进步。当然不可否认，一些人的确在某些领域天然就强于别人。可如果没有重复练习，这个优势也发展不出什么结果。如果这件事不让这位天赋异禀的人获得乐趣，那么再多的重复也只是枯燥的叠加。

别人会把"毅力"这样的词放在你身上，那是从他们的视角在看你。而你知道，做开心的事情，哪里动用得上"毅力"呢？天天喝奶茶，你真靠的是毅力？哈哈！

所以回过头去看，这个找到自己风格的过程就是找到自己擅长什么的过程。实验，一直实验，然后发现。从一开始什么都要试试，慢慢发现了自己更喜欢的手账用法、手账玩儿法，于是不断去这么玩儿手账。这个过程中，你自然也会形成一套自己的选择系统，例如喜欢用什么笔、喜欢什么风格的装饰、小标题的写法、时间区块的标注方法等等。这些大大小小的选择，

· 2021 年 1 月的手账, 开启新的一年!

加上重复做出相同的选择, 就是你的风格。好多人都是写手账之后无意间发现了自己的天赋: 有的人是画画儿, 有的人是写字, 有的人是擅长颜色搭配, 有的人是素材混搭高手。

　　风格不必专门去寻找。如果你觉得写手账挺有意思的, 那么每天去写就好。风格, 自然就会出现的。

写下即人生

我适合哪一本手账

　　当然，颜值绝对不是不重要。谁会愿意买一本自己都觉得特难看的本子，还每天带在身旁呢？不过纵观目前流行的手账本，起码半数的封面都走极简风，只印有一个年份。我觉得这样也很好，看365天都不容易腻。这部分大家就根据自己的审美来选。

　　手账本最要紧的部分，我个人认为是内部的版式设计和尺寸。这可能是另一个让人挑花了眼的区块。我有几个简单的问题，每次需要选手账的时候都会拿出来问自己，大家也不妨试试看。

3 个问题

　　1. 我会随身带着这个本子吗？

　　请展开想象的翅膀，思考一下你会在哪里使用这本手账呢。只是在书桌前，还是在车里、地铁里也会抓紧记几笔？去野餐时，也想带上它就地画画风景？

这个问题主要是针对本子的尺寸和便携度提出的。我在选择随身带着的本子时，会倾向于偏轻薄型，这样拎着包时不会感到很吃力；尺寸不超过 A5（148 毫米 ×210 毫米）大小，不然有些小包装不下。有可能在没有桌子的情况下使用的话，例如在车上、地铁上、公园里，就会更倾向于硬壳封面，这样可以提供书写时的支撑。这几点也符合许多上班族选择随身手账本的需要。

有许多学生会随身携带一个手账本，随时记录学习进度和时间规划。如果是当年的我，我不会选择小于 A6（105 毫米 ×148 毫米）尺寸的本子，因为要记录的内容比较丰富，太小的页面容易局促。虽然需要随身携带，但作为学生的我绝大多数时候只是往返于宿舍、教室、图书馆等，所以便携性的需求并不是太强，本子厚一点儿也没多大关系，约等于多拎一本书。

如果这本手账压根儿你就不打算带出家门，在家时才会去写，那么在尺寸和便携性上你的选择非常开放。我会再想第二个问题：我想记录些什么？

2. 我想记录些什么？

不需要想得特别具体，但是这本手账大概是用来写日记还是做日程规划，还是两者兼具，这个简单的判断应该不难做。这能让我们对书写空间有更具体的想象，对手账内页设计的挑选会有帮助。

例如时间轴类手账，每日细细长长的一个空间，用来写日记也许会觉得不习惯。再如一日一页的手账，每天有整整一页的空间，对于只需要简单记录待办事项的人来说，也许空间过大会用不上。

· 看，格式各不相同的手账本，总有一款适合你。

今天也要好好写手账啊

2016

· 手账本的尺寸非常多。

　　我是这样选择日程手账本的：我需要用这本手账来记录每日待办事项，有时也会用来记录时间的使用情况。每天的日记我会安排在别的本子上，不需要写在日程本里。于是，我大概需要每天的页面上有一定的书写空间，但因为不写日记，空间应该并不需要用到一整页纸。

　　我希望能一次看到一周和一个月的状况，因为会有些中长线的任务。例如我平时拍视频，可能一个视频从策划到发布会跨三至四天。相比于每日一页的手账，我需要来回翻本子确认进程，一次能看到一周计划的手账更适合我。

　　综合下来，我应该会选择一本周计划手账，而不是一日一页手账。

　　　　　　　　　　　今天也要好好写手账啊

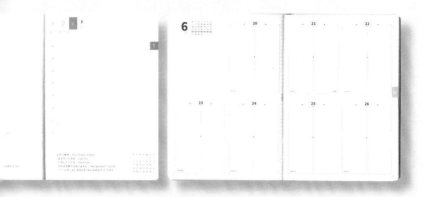

· 手账的版面设计也各有特色。

那么你想记录些什么呢？

我看过很多妈妈选择 5 年日记作为孩子的成长手账。她们想记录的就是孩子的点滴日常，往往也没有大量的时间去细碎地记录，只能睡前简单写几句。5 年日记的特点就是每日记录的空间不太大，但是 5 年间的同一个日期会在同一页上。当你在某一日做了记录，接下来 4 年的那一天的日记，都会写在同一页纸上。从第二年开始，每次写那一天的日记时，妈妈都能读到一年前或者几年前的同一天孩子是如何度过的。想必这本手账 5 年之后回头去读，一定会是意义感满满！可以说，5 年日记的排版和设计创意，正好就符合了妈妈们的记录需求。

如果是刚接触手账的朋友，还不能一下子做到这么清楚地了解自己的需求，也大可不必慌张。我这都是一年年试出来的经验。新朋友大致想清在手账上记录日程还是日记，还是两者兼具即可。如果只有日程，那么多半会适合周计划。如果是日记，或者日记加日程，那么不妨考虑一日一页的类型。如果你感觉自己只是想记录某个阶段的生活，例如专门记录旅行，追踪考前 3 个月的备考计划，或是不确定自己是否可以一整年都投入到手账记录中，你还可以考虑不带日期的手账本，想写的时候写几笔就行。手账的设计还是非常人性化的。

3. 我一般会用什么笔？

能问出这个问题的，肯定是用手账的学长和学姐！

我们前面选到了喜欢的手账外观，找到了适合我们需求的手账排版，现在要确保的是我们能有一个比较好的书写感受。你会用什么样的笔来写这本手账呢？

写字的时候，如果你用中性笔和圆珠笔，绝大多数纸张都没问题。如果你有使用钢笔的习惯，或者准备尝试用钢笔，那么就需要选择纸张品质比较好的手账。如果你还打算在手账上进行点创作，例如画画儿，先想想你会用什么来画。彩铅？水彩？

当我们做完前两个功课，锁定了几款备选手账之后，去网上搜搜买家评论，或者看看手账用户的分享，基本上就能了解纸张和你要用的笔、画材是否匹配了。这一步并不是必须做的，不过做功课的过程中还能看到别人分享手账用法和使用过程中的优缺点，还是很有参考价值的。

　　　　　　　　　　今天也要好好写手账啊

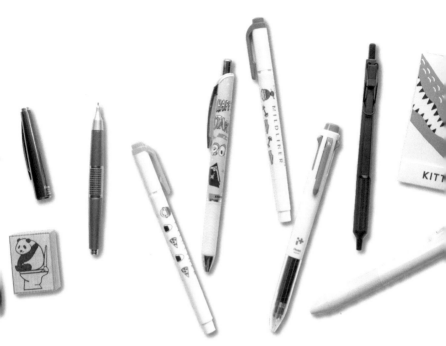

· 我写手账时经常用到的笔。

普通笔记本不能写手账吗

完全没有版式的本子也很受欢迎，尤其是在写子弹日记（Bullet Journal）的人群当中。没有日期也就没有条条框框，使用者可以根据自己的需求来自定义手账的模样。同时，还能避免空间太大填不满，或者空间太小不够写的尴尬。如果你很清楚要在手账上记录什么，或者你特别喜欢在手账上发挥创意，那么完全空白的手账本也能被你用得有声有色。

不过完全没有框架结构的本子，意味着需要自己去搭建框架，难度陡增。这也可能会让一部分人望而生畏。其实可以把手账想得简单一些。一般的事项记录或是日记，往本子上写就好了，并不要求有什么特殊的排版。或者我们也可以以市面上有的手账版式设计为参考，自己来画出这些设计。在这个过程中，还能顺便根据自己的需要去调整版式，用上自己最喜欢的颜色，等等。

就我自己的感受而言，子弹日记的灵活性特别讨人喜欢，尤其是在最初的阶段，每次去画周计划、月计划都会换一下主题颜色，跟着季节和心情走。总之，玩得开心的时候谁还怕麻烦？但是写了一段时间之后，每次重复去画格子、填日期，这几个动作会让我怀念起印好版式的本子。也可能是新鲜劲儿过了，发现更在意和更想花时间的地方是记录生活，而不是用很多时间去设计排版。所以最后还是切换回了印好版式设计的本子。不过千万别因为我的经历就认定空白本子写手账很麻烦！这些是我自己试过之后，才得出的结论。不试试肯定不会知道自己更在意的是什么。而且，这仅仅是从我的个人需求和喜好出发得出的结论。

希望我说了这么多不会让你觉得选择手账本是很复杂的一件事。还记得吗？一本手账有定价，但是写过的手账可是无价

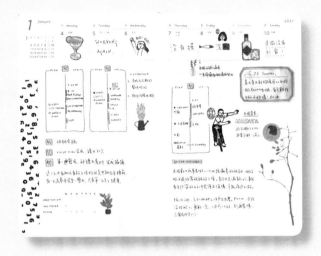

· 当手账页面比较空的时候，尽可以自由发挥。

之宝。选一本什么手账并不是至关重要的，选了之后把自己的
生活铺在纸上才是。看过再多别人的分享，相信你依然会选择
自己内心最被吸引的那一本手账，哪怕这本手账跟我说的以上
各种选择逻辑都不符合。一点儿关系都没有，把心中最想说的
话写进这个本子里，让它成为你的无价之宝吧！

　　毕竟，手账是人生，写下才是永恒。

打造自己的
手账梦之队

　　每到年底的时候，许多手账爱好者会做一个以"我明年的手账安排""我的手账体系"为主题的分享。一年即将结束，新的一年就在眼前，的确是一个很好的回顾和展望的节点。可想而知，这一类的分享信息量都挺大，也特别有趣！一方面能了解到分享者今年的手账书写情况，另一方面也能看到他们为第二年置办了哪些手账，做出了什么调整。写手账以来，每年的手账安排分享我从不缺席。而且我也特别热衷于看别人的分享，从中获得灵感。

　　"手账体系"这个词儿有点大，怂人如我，从来都没敢用在我的视频标题里。或者说，我内心里还不认可自己发展出了一套体系，最多就是一点儿自己的手账搭配思路或者套路。我又是一个完全不羞于"打脸"的人，虽然在年初分享了手账安排，选定好了几个本子，但是用几个月之后挖掘到了更适合自己的手账本，或者发现现在的安排不够合理，需要调整，我一般不会勉强自己遵守已经发布出去的那套安排。我八成会改，然后再做一个分享告诉大家我的"打脸"故事。这样的"打脸"或者"变卦"我不仅不觉得有压力，反而觉得有动力。不断发现安排的不足，下次就会安排得更妥当一点儿呀！

虽然我喜欢不断去调整自己的手账安排，但是其中的核心组成部分是很少变动的。每年的本子换来换去，组成的生活记录模块却总是那么几个。我在网上冲浪时会看到一些手账爱好者发愁，不知道第二年的手账安排应该如何进行。也许我的思路可以给你参考一下。

· 2020年，我用了这3款手账。

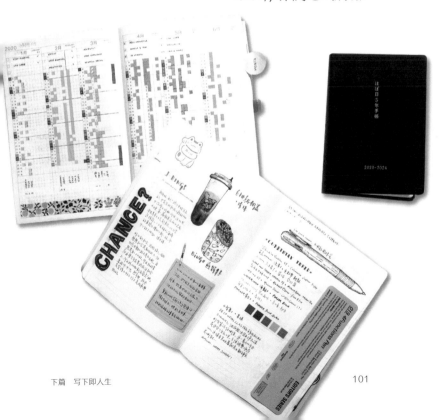

·2021年，我用了这4款手账。

为什么需要一个"手账安排"？

也许你会纳闷：手账不就是一本类似日记或者日程安排本那样的本子吗？还需要安排什么？其实，现在非常多的手账爱好者会同时使用多本手账，让每一本去侧重记录生活中的某一面。拿手账最常被赋予的两个使命——日记和日程安排——来说许多人就会分开用两个手账本去记录。

这样做是有道理的。日程记录本可能会需要跟着记录者走，随时记录、修改或查看。但日记本一天就写一次，留在家就好，

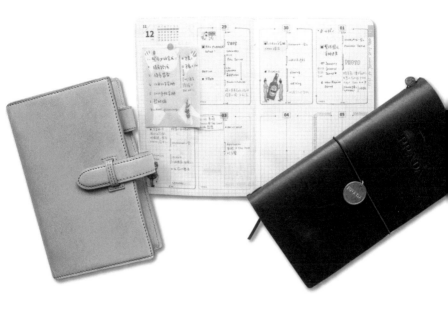

· 2022 年, 准备用这 3 款手账。

睡前记录一下今天度过了怎样的一天。显然, 这两个本子不仅功能不同, 连带着它们是否需要携带、是否需要随时翻阅等属性也都不尽相同。再进一步说, 也许日程本是可以跟同事、同学分享的, 但是日记是私密的; 日程本主要是为了记录和备忘, 字写得好不好看、页面装饰得美不美观你并不在意, 而在写日记时, 你也许会希望配色和谐, 胶带和贴纸搭配统一等。你看, 分成两个本子记录是不是就很合理, 使用起来也更顺手?

其实也有很多手账爱好者是喜欢"多合一"模式的, 即生活的方方面面，都放进一个本子里。这当然也非常合理。本来生活的方方面面就互相关联和影响，都记录在一起也许是更有机的记录方式。选择哪种手账安排和你希望用手账记录哪些内容密切相关。总之，面对手账，你有许多选项，怎么选都不会错，就看怎么安排是最适合你的。

所以我个人的看法是，手账还是需要特别安排的。或者说，我们是需要这么一个思考过程的。下面我就分享一下我每年的手账安排会固定出现的几个版块。

你在意的是什么

我的手账安排公式是"**日程 + 工作相关 +X**"。

没错，我是一个同时使用多本手账的人。在进行手账安排时，我最关注的是我到底在意什么。首先，我当然在意我的生活啦！这就是我写手账的初衷：记录我每天普通的小日子。所以我会首先安排一本手账来做这个。在用法上，这一本其实就是我的日程安排本。每天的时间安排、待办事项、习惯打卡等，是写进这个本子的。

其次，我还在意我的工作。尤其是有时多个项目同步进行，每一个项目里又有许多细碎的部分，涉及和不同的人合作，我真的需要一本手账来帮我记录，光靠脑子记非常容易出错。例如我写到这里的当下，我的工作有写这本书；努力做到一周发布一个视频，并且已经在一个合作视频的制作当中；每周末录制一期播客节目，并且每两周剪辑一次；本月底有两个文具设计要交稿；之前完成的设计要提交版权注册；有几个产品在打样阶段，随时会需要做出调整……我想许多人，无论是学生党还是工作党，也和我一样同时进行着不同的项目。我认为拿一个本子专门来记录这些是非常有必要的。

这本工作记录本和日程本在记录时会不会有重叠呢？的确会有，但是重叠性不算太强。例如我要拍一个视频，拍视频这个待办事项我肯定会在日程安排上记录一笔，并且在时间轴上记录是几点到几点在做这项工作。但在工作手账里，我会在"本周完成了什么事儿"的部分记录是哪天录制的这个视频。这个视频的策划和视频里具体内容的构思，都会写在工作手账里。所以工作手账更侧重捕捉创意、理顺思路等方面，而日程本是落实到每一天我到底要做什么。

在使用场景里，每天早上写手账去安排这一天时，这两个本子是同时摊开来的，一起做规划。一天当中，需要随时查看和记录的本子是日程本；需要具体去想"这个设计怎么开展""新视频怎么拍""上次工作会议提到的要点有哪些"的时候，我会在工作本上记录和查看。

也许你还是觉得有点儿乱？没关系！其实你不需要完全弄明白我的手账安排的细节，只需要了解这个安排的出发点是我的生活、工作习惯和需求就行。我始终认为，自己的手账安排需要完全从自己在意的事情出发，记录自己真的想要记录和需要记录的。

我的公式里还有一个神秘的"x"，这个"x"就是除了日程和工作之外，我在意的第三件事。这件事是会随着时间产生变化的。例如以前我特别希望记录梦，于是那一年我专门用一本手账作为我的"梦的记录"。使用方式就类似于写日记，只不过记录的是梦境而非现实发生过的事。

从2018年起，我发展出一个稳定的"x"，就是我的"健康生活手账"，主要记录我的饮食和运动状况。因为我是2018年才真的下决心减肥的。于是从那时起，我开始非常详细地记录我吃了什么和完成了什么运动。即便我一直使用运动手表，运动数据在手机上都能看到，但我很在意这个方面，希望饮食和运动有一个汇总的记录，所以我依然会在这本手账上抄上一些运动手表上的数据。健康生活手账本用过国誉多孔活页本、Hobonichi手账Weeks系列、Personal尺寸（95毫米×17毫米）的活页本空白内芯、Traveler's Notebook等。尺寸、品牌在变，但这个版块从2018年起一直都在。

·这就是我专门记录梦的手账。

今天也要好好写手账啊

THE KILLER
IN MY DREAM

我打开电视，投了一个网上的视频看。
是几年前一个杀人狂杀人的视频。

这个人来自蒙古/内蒙古，长着很长的脸。
张口说话是不准普通话，梦中的我心想，
这是汉人吗？然后杀人狂的小弟上前说了几
句，全听不懂，我想，嗯这人肯定蒙古的。

然后这人开始改一个什么地儿，许多英勇的人
去抵抗，都被这人杀死了，他装备如图。
手上脚上那个东西特别大，我也小，比人
还高，见人就凑一刀，直接杀死。视频最
后有个特勇的跟比杀人狂，还是被杀了。
视频结束。坐我旁边和我一起看的二姨
平静的说，这是谁谁谁，死于那年的这
个事，是我们体育馆的。

我惊了，我居然投了个视频。里面有二姨的
同事当年殉亲的全过程。特自责。

也许过几年，我发现这方面不再需要记录，我就会把这本撤掉，或是把这部分记录合并到我的日程本里。总之，"x"的位置就是我在当下特别投入和在意的一件事或者一个爱好。如果目前没有，那么"x"空缺就行。

手账本最好少一点

早年我的手账安排曾经多达十几个本子。那时候因为太过热情，经常做出"为了写而写"的事。事无巨细地将生活切成小块，每块用一本手账来记录。久而久之我发现，想法不坏，但是我做不到。我毕竟不是时间管理大师，十几个本子及时更新真的令人感觉分身乏术。从那之后，我会更多地去思考哪些手账是需要日更的，哪些是特殊事件发生之后才更新的，它们的重叠率会不会过高。

我给出的手账安排公式里的 3 本手账，在我的生活里属于日更本。其实这个任务量并没有想象的那么大。我曾经在一个视频博客中详细记录了我一天当中写手账花的时间。写了这 3 本手账，外加一页日记，共用掉了 29 分钟。这可是早上、中午、晚上 3 次更新手账内容之后累计的时长，听起来还可以接受吧。所以这 3 本日更手账本，在我看来，是适合我的生活节奏的。当然，这也是好几年下来，我经过好几次简化才得来的公式。以前我在日更队列里还会加入日记本，甚至还有专门画画儿的绘画日记本。但是最终手账安排的公式里，我并没有放进任何一本日记。

· 健康生活手账,
认真记录饮食和运动状况。

最近几年我已经不太能坚持每天写日记类的手账了。多数时候
是两三天,有时是三五天之后,拿出一整块时间好好地记录一番。
所以日记本我依旧有,但不在日更队列里,不属于最核心的部分。

常见的不需要日更,可广大手账爱好者都忍不住要安排一番的手账有哪些呢？旅行手账本肯定是第一热门。顾名思义，这本就是旅行时才会用到的本子。还有和阅读、电影相关的手账，也很常见。手账爱好者们会在读完一本书或看完一部电影之后去记录自己的感受。对于绝大多数人来说，这也不是能日更的内容。其实旅行见闻、读书感受、观影感想能不能放进日记里呢？当然是可以的！所以在做手账安排的时候，千万别忽略掉手账本之间的重叠性。如果一个内容适合你安排的多本手账去记录，那可能表示你的手账安排重叠度过高了。

手账新人特别容易做这么一个决策：当看到别人的手账安排罗列出十几个本子，各种兴趣、爱好都有单独一本时，顿时心生向往，突然觉得自己也有这些爱好，这些爱好也都值得单独用一个本子记录，还可以让自己同时体验几本不同的手账，越想越美。但以我的经验，真的大可不必。我的建议是把投入最多时间的爱好单拎出来就足矣。例如你特别热爱阅读，那不妨做一本阅读手账，各种书评感想全部归入这本，其他的都写进你的日记本即可。最尴尬的是安排了一本日记本，同时还有阅读手账、观影手账、咖啡豆手账、探店手账、追星手账、种植手账等等，本子的功能都安排得明明白白，但是一年下来也不一定每一本写过一轮。分类都分到这么细致了，那本日记本里每天还能写点儿什么呢？花时间去生活，手账才有东西可写。手账本太多，没空过日子了，手账恐怕也写不出来啦！我真是以我自己这几年的经历，友情建议：手账本不必同时安排太多本。

说了这么多，都是以我自己为例。而你究竟适合什么样的手账安排，也许只有好好地想一想你在意生活的哪些方面，你希望用手账来记录些什么才能搞清楚。每年给自己打造一支手账梦之队是许多手账爱好者从年中就开始琢磨的事，可见这事多么有意思，多么值得慢慢思考。如果你还没写过手账，大可慢慢从自己最想记录、最在意的生活侧面出发，或者直接先从"多合一"模式开始，写着写着你就会有自己的想法了！

如同我开篇说的，我依旧年年都在调整自己的手账安排。毕竟年岁在长，世界在变，没有一套一以贯之的手账安排似乎也很正常。手账安排变得越来越从简，一部分是因为生活在变得更充实、更有挑战，更是因为我发现手账用太多本会逐渐变成我的负担。写手账固然很好玩，但是也不必贪多，这世界上好玩的事可太多啦！希望大家都能找到最适合自己的手账梦之队！

在时间轴里
和时间好好相处

很多人对时间轴手账有个挥之不去的迷思：如此严谨的刻度，是不是只能记下详细的流水账？记这样的流水账，有个什么意思？

我写手账的第一年用的是横版周计划。主要的写法就是每天写下待办事项。不过这事非常主观，自己指派任务给自己去完成，对于不够自律的人，譬如我，说实话并没有多少约束力。不仅如此，我还会"装样子"。有时候一天明明没有什么任务，为了"维持页面内容的均衡分布"，我还会硬造几个无关痛痒的任务填进去，让自己看起来忙一点儿，过得（看着）充实一些。时间一长，我不禁心中出现一个问号：写下了这么多，我的生活到底每天过得怎么样？似乎我这种记录方式并不能反映出什么。既然该做的任务并没有如愿完成，我每天又到底做了些什么？

这个问题可太扎心了。相信读到这里的许多人都曾不止一

· 第一年用的横版周计划手账（那段时间我在练习劈叉，把每天要练习的动作打印出来贴在了手账本每日的区域里）。

次问过自己同样的问题。昨天中午吃的什么来着？上一次看电影是多久之前的事？怎么每天忙出忙进，日复一日，却似乎也说不出自己都忙了些什么呢？

　　写手账的这六七年里，我的记录方式之所以一直在发生变化，也是因为我一直在追寻这个问题的答案。清楚地知道自己在干什么，主动选择自己的行为，听起来是理所当然的事，实际上却困难得多。如果简单地写下"亦真亦假"的待办事项，对我并没有多大的帮助或者意义，那么也许是时候改变一下了。

时间轴手账的初尝试，无比失败

2016 年，我已经写了一年多上面提到的横版周计划手账。一直都知道还有一类手账叫时间轴手账，但说实话，风吹得不大，使用的人和分享的人也不是太多。每日一条细细长长的时间轴，让人有种很泄气的感觉，这让人怎么写，该写什么？不过也差不多在这时候，日本国誉出品的自我手账渐渐开始有越来越多的人讨论，其中说得最多的就是"国誉自我手账太难坚持了"。但是，说这些话的人往往又是连续用过好几年自我手账的人。这是什么道理？太难用还每年都用，这不太对劲儿的逻辑反而让我产生了好奇。

那时候我已经是个初出茅庐的博主了，一拍大腿做了个决定——我要尝试自我手账，看看这手账到底有什么不一样，说不定还能做视频分享分享。万万没想到，我在视频里第一次分享自我手账，是在"我不喜欢的文具"版块。

抱着试一试的心态，买了一套国誉自我手账的三合一组套：其中"DIARY"是自我手账的主体部分，"IDEA"是轻薄的小笔记本，"LIFE"是人生记录本。在两个尺寸中，我选择了小

· 2015 年 12 月 7 日到 13 日，我的国誉自我手账使用情况。

· 2015 年 12 月 14 日到 20 日，我的国誉自我手账使用情况。

一些的 B6 SLIM（迷你版，尺寸为 190 毫米 ×120 毫米）。选择的理由非常随机。选择全套的理由是来都来了，还不都看看吗？选择小尺寸的道理更任性，我想当然地觉得，本子小一点应该写满的压力就小一点儿。天知道为什么要背负一份"写满"的压力。那时候我对使用时间轴手账的方法真的一无所知。

拿到这套手账之后，我便兴冲冲地填起空来。为什么说是填空呢？因为这套手账里设置的区块之全，简直超乎想象。在自我手账的"DIARY"分册里，甚至专门划分出页面让使用者填写影单、书单、收到的礼物、送出的礼物、承诺过的事情等等。而"LIFE"这本人生记录本，更是不得了，从小到大，自己的甚至家庭的大事一览表都已经设置好，尽管把过往发生的大小事填入即可。

不得不承认，这些细分的版块一开始真的非常吸引我。然而这热情只持续了几周，而且也仅限于填写书单、影单。现在回想，也不都是我不得其法导致无法坚持。这本手账是日本公司设计的，显然里面的版块设置更符合日本社会的特点。例如送礼和收礼的部分，承诺的清单，等等，这些在日本之外的社会虽然并不会被轻视，但至少我个人并没有长久记录这些信息的意愿。于是很自然地，这几页在一开始填写了几行，后面就空着了。

而这本自我手账的核心区域——时间轴周计划，我在坚持7.5 周之后宣布放弃。我有充分的理由。这个本子太小了！如果是在时间轴里记录每天做了什么，一个小时只对应非常小的两行小格子，我起承都没转合就写不下了。然而，这个本子又太大了！使用的第一周就连续3天，加起来写下了9个字，即每天写一遍"琅琊榜"。这有什么可记的，写出来也不好看，看着就高兴不起来。

还不到两个月，这个本子就被打进冷宫。连同前面那些书单、影单、人生大事，都让人觉得好多余。

拿出一年时间，我决定再试一次

再次决定尝试国誉自我手账是 2018 年。这时候自我手账已经在手账爱好者中很有名气了，一提起时间轴手账首先就会想到这个被我打入冷宫的"自我手账"。"写国誉自我手账的女人绝不认输"这个口号让我忍不住握一下拳头。

这时的我已经尝试过很多种不同的手账，好像只差时间轴手账没被"驯服"了。这个念头一起，那可恶的好胜心就被激发起来。写过那么多种手账，就不信有我用不好的本子（是的，霸气值也在增长呢）。这么多人都喜欢的本子，肯定有我上次使用时没发现的优点。我怎么能错过这样一个自我挑战的机会？内心一番演讲下来，我被自己成功地说服了。于是乎，国誉自我 A5 SLIM（标准版，尺寸为 217 毫米 ×138 毫米）BIZ（Business，商业）版本来到我手里。这次我选择了大一号的尺寸，并且没有选择两年前的 DIARY 版本，而是选择了 BIZ 版本，它内页设计配色更素，更符合我的审美。手账内部的区块设计和 DIARY 版本基本无异。

今天也要好好写手账啊

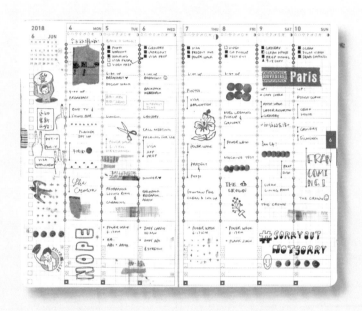

· 2018年6月4日到10日，我的国誉自我手账使用情况。

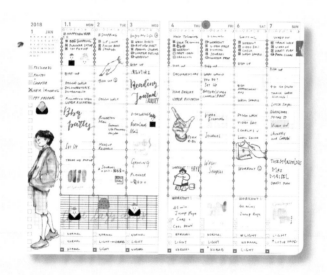

· 2018 年我用的国誉自我手账，这一年，我找到了和它好好相处的
舒服姿势。

今天也要好好写手账啊

我决定用一整年的使用体验去了解时间轴手账被那么多人喜欢的原因，以及更重要的一点——我到底会不会喜欢上它。

也许是选对了适合自己的版本，也许是从 2016 年到 2018 年的两年间，我对如何使用手账有了更多自己的见解，二度尝试自我手账的开端异常顺利，毫无违和感。

在时间轴区块，我一上来就按照自己希望记录的内容，分配好了各个部分写什么。

时间轴的左侧待办事项区域写"本周计划"。一周开始的时候，在这里安排本周的任务。因为这时可能还不清楚具体每个任务要放在哪一天去做，所以统一先写在这里。

每日时间轴的 0 点至 6 点时段，我在睡觉，所以这部分每日都会空余出来（我作息变化不大，懒得每天写一遍"睡觉"，没意义）。每日的待办事项被安排写在这个时段里。这个时段也正好在时间轴的最顶端，改成待办事项正合适。

时间轴主体部分我会记录每日起床时间，一天都干了什么（选择性记录），预约好的事项（如约朋友吃饭、约好的洗牙等）。这里我还开发了一个新招。从我过去的经验里，我深深地认识到，每日写上待办事项的目的是完成它。于是我除了写出每日任务，还会再往前走一步。这件事如果完成了，我会在时间轴上标出完成这一任务的时段，并用彩色铅笔将待办事项中的这个任务和时间轴上完成这个任务的具体时段之间连一条线。这么做的目的是希望观察一下，我所谓的"效率时间"是一天中的什么时段。这个思路对我后来形成自己的手账设计体系影响深远。

时间轴下方的空间，是我的运动、饮食记录区。

这样一通安排，整个时间轴周计划页面被用得干干净净。我的记录重心是每日待办事项、时间花费和运动饮食。这是我最在意和最想记录的方面。它们被很合理地放进了手账本的各个区域。虽然这只是一个开始，之后我还对各个区块的使用细节做过非常多的调整，但这个开始已经让我感受到了非常大的变化。

可以说到这个时候，用手账记录生活 3 年之后，我才真正第一次细致地观察我的生活。

时间都去哪了

时间轴手账和其他类别的手账不同，它给记录者指定了一个观察生活的角度——时间。没有人的生活是相同的，但是每人每天有相同的 24 个小时。要回答"我每天到底在干啥"这个问题，将一天 24 小时全部铺开，一看便知。

一开始几周的时间轴有点让我"触目惊心"。

一周里，起码有 4 天充斥着大量无法定义的时间段。吃饭、睡觉、拍视频、看书的时间，是可以定义的，因为这些时段我是主动选择去做这些事的。无法定义的时间里，我好像在无意义地飘着。一提到这种状态，我就会联想到这个意象。不是脚踏实地地站在地面，而是魂不守舍地飘在空中。一会儿刷刷手机，一会儿看看 iPad，或者两者同时进行。iPad 播放综艺节目，手机开着购物 App。耳朵里全是别人的笑声，眼里尽是无数的商品，手指不停滑动。面对这么多争抢我注意力的事物，我的注意力却似乎在别处。这是在放松吗？我并不轻松。这是在娱乐吗？我完全没有获得什么快乐。

一天下来，回顾当天做了什么时，似乎说不太出来，恰恰是因为大量的时间就这么"飘着飘着"度过了。仔细一想，我甚至并没有很想看那个综艺节目，也没有很想买的东西，好像身体自己选择了这两件事去占据视觉和听觉。看综艺、刷手机本身，如果是我的主动选择，那么没有任何问题。问题是，我其实并不是真的在看综艺和刷手机。我在……干什么？这些时间在时间轴上该如何记录？我内心冒出一个答案：拖延。我在花大量时间拖延。而在用时间轴记录之前，在一天24小时都摊在我面前之前，我并不确切地知道，或者说，我并不想承认和面对这一点。

找回消失的时间的办法

当我第一次认识到拖延居然偷走了那么多时间，真的惊了！真实地面对问题并不是一件舒服的事，却是通往改变的第一步。

翻看了那段时间的时间轴记录，我做出如下反思：

1. 想逃避的任务，需要分解。

我发现一些工作任务给我很强的焦虑感。那些我迟迟无法开展的工作，难度都挺大。我害怕面对一个不够好的结果。但只要一直拖延，我就一直不用面对那个也许不完美的结果。尽管需要忍受焦虑，但焦虑常伴我左右，我们很熟了。虽然难受，但能承受。不完美的结果更让我害怕，这份害怕我不知该开什么药来解。

我曾在时间轴顶端连续好多天都写了一个任务，就是"设计草图"。这是我接的一个设计工作。当这难得的机会砸向我时，我感到荣幸又惶恐。我想要做好，又怕搞砸。看着交稿日期一天天临近，这个任务还一点儿都没动，我简直焦虑值爆表，可就是动不起来。于是时间就在一些无意识的动作中飘走了。

是的，这个任务有难度不假，但是直愣愣地把"设计草图"四个字写在待办事项里，的确让人不知该从哪里做起。那个发

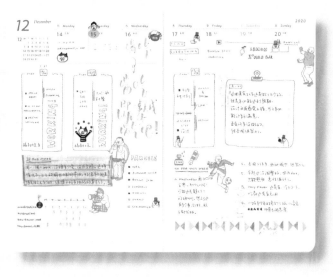

· 仅仅写上了"design draft"（设计草图）这个笼统的任务，结果就是并不能有效推进。

派任务的自己，对需要去执行这个任务的自己居然没有一点儿同理心。体会到这一点之后，我开始逐步分解任务，而不只是简单地把想要的结果写在那里。设计的过程由很多不同的小任务组成，例如头脑风暴、灵感搜集、创作草图、选择色彩方案……需要做这么多事的一个项目，怎么可以就简单地在每天的时间轴上写下"设计草图"四个字呢？

一旦一个项目被分解成许多步骤之后，那种模糊的恐惧感也渐渐地被瓦解了。由未发生的事情引发的焦虑好像最怕的就是具体。一旦通往目的地的路径确定了，我所要面对的就只是一个个具体的困难。今天要做头脑风暴，那我就放开去想。点

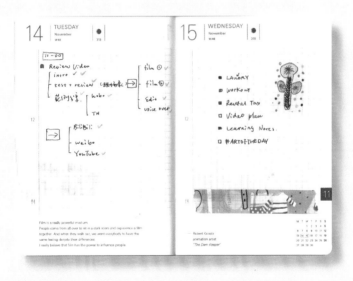

· 任务分解后，"拍视频"的任务被拆解成 3 步。这下就简单了，一步步去做就好了。

子还是不够多？去网络上看看别人的作品，搜集灵感好了。有具体的问题才好找解决方案。我总算知道这劲儿该往哪儿使了！对"设计草图"这四个字产生的那种模糊又巨大的恐惧感是建立在虚无之上的。换言之，做出的设计不完美这件事还没发生，我无论如何也弄不清不完美的点在哪儿，又怎么可能找到解决方案呢？有劲儿也没处使啊。

将令我害怕的任务分解之后，"飘着"的时间直线下降。本仙女终于踏踏实实地站在了地上。

曾经不知道时间都去哪儿了的我，不就是空焦虑，有劲儿无处使吗？当我真实地在时间轴里记录每日的时间分配之后，时间的窟窿马上显露出来。知道窟窿在哪儿，才能谈填窟窿的事。至于怎么填，那个发布任务的自己，请对需要鼓起勇气执行任务的自己有充分的耐心和信心。像"把大象放进冰箱分三步"那样，一步一步地发布任务。不要只扔出一个想要的结果，那不是一个好领导。

2. 做迫不及待要完成的任务就像吃糖。

时间轴的记录不光让我暴露了问题，也让我看见了自己的热情所在。拖延的对立面，我认为是迫不及待。迫不及待去做的事情，往往是尽兴的、高效的和投入的。

我的时间轴上有两件事是让我迫不及待的：一个是运动，一个是剪辑视频。运动于我而言，是一种动态的冥想。我的身体在动，心却越来越平静。运动之后会感到一种徐徐流淌的喜悦。

工作再怎么拖延，只要运动了，我就觉得我还不是那么差，至少完成了一件事。每日的运动简直是我心理健康的基石。长期的运动还有那么多世人皆知的好处，真是稳赚不赔的买卖。

而对剪辑视频投入，是因为我特别期待早点儿把视频发出去给大家看。剪辑的过程是二次创作，把自己磕磕巴巴的地方都去掉，本来不顺的话被修剪得好像口才特别好的人才说得出来的。这个过程有趣得很。在我所有的工作里，剪辑视频是我最容易专注的一项。高度集中的注意力带来的心流体验非常好。

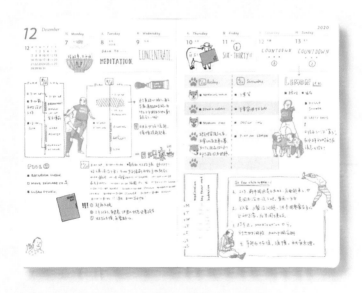

· 运动和工作是我每日手账里的两大主题。

在手账上记录时，我会把这两件事在时间轴里用高亮的方式标记出来。这是自己对自己的夸奖，要醒目，要张扬。

一开始的几个月，我的时间轴显示每天下午 3 点至 4 点都是运动时间，不过这并不是刻意安排的。我发现运动之后，整个人状态非常积极。想着自己刚跑了个 10 公里，后面再难的事也暂时不觉得那么难了。于是我想，为什么不借势把运动安排在一大早呢？本来我就很期待运动，早上起来运动应该不困难。更关键的是运动之后的状态好，早点儿获得一个好状态，岂不是一整天都精神抖擞、自信心满满吗？于是我开始早起跑步，迎着太阳，觉得自己简直太棒了！也因为"解锁"了早起，上午的时间变长了。有时候做好了一堆事，一看表才 9 点半，那种感觉太爽，也太让人上瘾了！

剪辑视频和跑步一样让我很兴奋，这样的状态对于白天很有利，可如果是睡前剪辑视频剪辑得太投入，直接就导致很难入睡。我观察到只要是剪辑视频剪辑到比较晚，当天的睡眠都不太好，第二天可能就起床困难，这不是恶性循环吗？于是从那之后，我尽可能在晚饭之前结束剪辑工作。因为给了自己这样的时间限制，剪辑时反而效率更高了！一想到这个剪辑工作不是想剪辑多久就剪辑多久，是晚上 6 点前要停手的，马上鼠标点到飞起。

做这些让我开心和充满成就感的任务就像吃糖，别说拖延，我巴不得早点儿去吃呢！什么时候吃糖才最甜呢？我的时间轴告诉了我答案。

那么节约时间是为了……

这次重启写时间轴手账，我明确告诉自己手账是用来记录和观察生活的工具，而不是"为了写而写"。2016年第一次用自我手账时，我选择了小开本，就是因为觉得这样更容易把手账填满。如果以"写完手账"为目的，那势必要在无话可说时硬说，在开一周天窗后乱补。我不追求填满，满满当当看起来的确充实，像是效率很高的样子。但我只需要在该工作的时候效率高即可，所以这成为我记录的重点之一。至于其他时候，比如玩游戏、看电影、画画儿和逛街的时候，我可以把效率让给别人。我原以为，好的生活，是填满的时间轴展现出来的样子。可转念一想，如果真有一天，24小时的时间轴全部排满了工作，那才让我不安呢！我理想的生活是劳逸结合，是张弛有度。想明白这一点，我立刻就放弃了要填满时间轴的执念。

大家都疯了似的找高效工作方法、学习时间管理术，到底要把节约下来的时间拿来干啥？拿来干啥都好，都好过在内耗、焦虑和失眠中让时间白白流走。如果问我节约下来的时间用来做什么，当然是用来玩了。换句话说，我认为节约时间的意思就是"快点把事做完，然后去玩儿"。

我曾因为连续三天在时间轴上写下"琅琊榜"而感到不安。我以为自己不安是因为这样度过的三天是不光彩的，而不光彩的事情大大地写下来就更不堪了。这样的事默默过去就好，何必白纸黑字地留下些证据呢？我不得不承认，有时候自己骗自

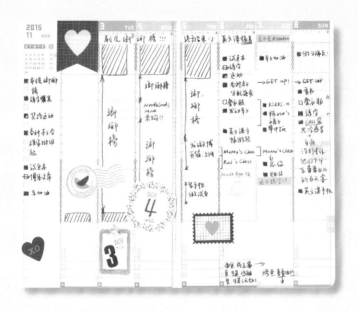

· 看，在这一周里，"琅琊榜"三个字大到让人无法忽视。

己能把自己唬得团团转。现在回忆起来，无非是那三天有焦虑的事情该做没做，选择刷剧去逃避了。与其说不愿意面对这三天的时间轴，不如说是不愿看见那个"虽然逃避依旧可耻"的自己。

　　如果前一阵工作很辛苦，我往往会给自己空出几天，想干啥干啥。这样的时候，我看一周的剧也不心虚，甚至会兴高采烈地填进时间轴里，留作纪念——看，我曾经刷剧刷得如此畅快！节约出来的时间，不就是为了这酣畅淋漓的一刻吗？这样随心所欲的时间段，就是我补上时间窟窿、提高效率得来的奖赏呀！我渐渐也发现，无论多忙的日子里，一点让自己开心的自我享受时间是必要的。它可以时间短一些，但不可以没有。哪怕就是泡个澡，看一会儿喜欢的小说，听首喜欢的歌，逛逛心仪的网店，都是对自己的关照。这样的时间反而是工作时高效输出的保证之一。所谓的"摸鱼"也不全是偷懒，是自我调节状态最常用的方式。

为了让时间轴上多一些正儿八经的娱乐时间、光明正大的"摸鱼"时间，我一直以来的目标就是努力减少内耗，该工作时集中火力，早早工作完，早早开始玩儿多好呀！

于是，我一边写着自我手账，一边反思着自己的生活方式。手账的页面也由一开始的密密麻麻，逐渐转化为张弛有度的样子。一开始事无巨细的记录是有必要的，因为那就好像第一次照镜子，总要看得细致些。往后摸到了规律，就挑重点记了。2018年这一整年，我首次写完了曾经最不喜欢的自我手账。也是在这一年，我"解锁"了早起的习惯，开始将运动融入我的生活，体重减去 30 斤，第一次推出了和文具品牌合作定制的联名文具，开始有更多和优秀品牌合作的机会。我当然不觉得这些积极的变化全是因为写了一本手账，但经过这一年扎扎实实的记录，我所获得的成长是有目共睹的。

关于时间轴手账最常被问到的两个问题

1. 我没什么可写的。

时常看到一些评论说羡慕我的生活那么丰富，能坚持使用时间轴手账并有东西可记录，而他们的生活两点一线，枯燥无味，不知该写些什么。虽然我不敢妄自揣测别人的生活，但我这里有一个不同的角度可供参考。

很多时候在时间轴上记录时间分配时，我们会很自然地去做一个事件型的总结。例如，刚才的 1 小时是开会，过去的 45 分钟是英语课，中午吃饭花了 30 分钟。如果是学生，可能这样写时间轴手账就变成了重复的抄课表，每周循环。吃饭、开会、上课，都是事件名称，所以我认为这种记录视角是事件型。

另一种视角是内容型。吃饭这个事件就记录吃的哪些菜、在哪里吃的以及和谁吃的；开会这个事件就记录开会议题、重点和分配给你的任务；上课这个事件就记录今天课上学习的要点和课后自己需要复习的知识点。

有没有发现，换了一个视角之后记录的侧重点大不相同！对于生活比较规律的人来说，重复记录事件名称的确意义不大。就好像我在时间轴上不去写"睡觉"，因为我作息很规律，没有写的必要。我倒是有阵子在手账上记录过每日的深睡时长，希望从中能找到一些规律。

简而言之，请去记录对你有意义的事，不要为了记而记，那是很难坚持的一个苦差事，别问我是怎么知道的。

· 深睡时长的记录, 深度探索自己的感觉非常奇妙。

2. 我每天什么也没干。

很多朋友也会给我这样的反馈：我每天什么都没干，就躺着看着手机之类的，有什么可写？

其实这个心理应该跟我前面分享的感受比较类似。我什么也没干，这句话没说全。应该是我什么"所谓的正经事"都没干，打发时间的事应该是没少干。所以严格来说，这一天并不是什么也没干。但是把这一系列打发时间的操作都照原样写下来，好像又太残酷了，令人难以面对。是的，咱们有勇气这么过日子，居然没勇气把它们写下来。我太懂了，这就是我以前的状态。

时间轴手账就是这样一面镜子。咱们的生活过得什么样，哪怕照实记录一天也能了解个大概。越是抵触去面对的朋友，我越推荐你来试一试。如果一天什么都不干你很自在，那么时间轴上反映的便是你的自在。如果你内心很拧巴，和曾经的我一样是在逃避什么，那么这份记录可能会是你降低焦虑、行动起来的第一步。咱们怎么说也都是仙女级别的，怎么会怕照镜子呢？

时间轴就是这样一面魔镜，拿起来，好好照，我们能看到真实的自己，也能和时间更好地相处。

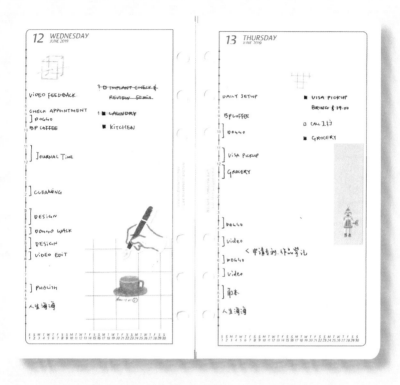

· 活页本上的时间轴页面，简单明了地记录了一天一天是怎么过去的。

我设计的
课表式弹性时间轴手账

2018 年使用了一整年的国誉自我手账，时间轴视角的记录方式已经成为我看待生活的默认角度。从那之后，时间轴手账就没有离开过我的生活。尽管手账可能由定页本变成了活页本，本子尺寸可能有大有小，但是时间轴这个元素是一定在的。

特别庆幸从那时起，"不为了写而写"成为我不断提醒自己的一点。虽然我绝对不信一本手账用好了，生活就能发生翻天覆地的变化，但总归会希望这本自己对自己的观察记录能带来一些启示。这样的启示往往来自反思和回顾。

自己和自己商量

我之前提到过，在 2018 年刚开始写时间轴手账时，除了记录每日待办事项和时间花费外，我还增加了一个动作——把待办事项和实际完成这件事的时间区块用一条线连起来。当时这么做的目的是出于好奇，自己在一大中投入生产力的时段到底是什么时候，这里面有没有规律可循。

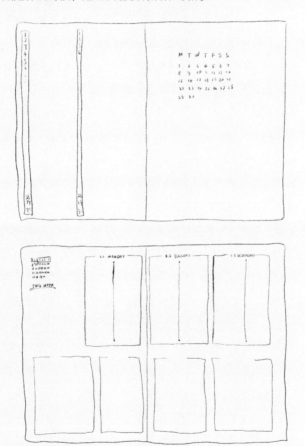

· 早期画在草稿本上的时间轴设计雏形。

我只这么记录了几周就发现这规律实在显而易见。每日的工作真正开始的时间是吃过午饭之后。"一日之计在于晨"在我这儿变成了"一日之计在午后"。这样做的问题在于，我从下午才开始工作，很有可能要睡觉了还完不成，于是就会影响休息，进而影响第二天的状态。更关键的是，我给自己腾出来一个"清闲"的早上，也只是看似清闲。我心里很清楚后面有一堆事儿没做呢，这份清闲实在是无福消受。不过也不是没有例外。时间轴上显示，我也有早上起来就开始工作的时候。主要原因是我实在没办法了，工作交付的截止日期就在眼前，早上不干就交不上了！

　　我实在不想什么事儿都等到最后没办法的时候才狂赶进度。我希望早上就可以开展工作。早上的注意力更容易集中，头脑也更清醒，可能工作效率和质量都会更高些。可我头天晚上想得好好的，第二天早上起来就变卦了。才早上嘛，着什么急，先来杯咖啡，看看视频压压惊（压压自己的拖延导致的"惊"）。"我还有救吗？"一边喝咖啡，心里那个负责执行任务的我一边嘀咕。一个人成为一支队伍，但这支队伍，太不好带了。

　　为什么就不能按照安排一步步从容地走呢？上午做一部分工作，下午再做一部分，这样不就一整天都在舒适的速度中前行吗？从以前上学的经历中我就明白了一个道理，一步步学起来的知识学得更扎实。考试前临时抱佛脚背的那些知识点，考完立刻就会自动删除。这道理确实简单明了不容辩驳，一看就是发布任务的那个自己站着说话不腰疼了。我这人这么多年，什么时候按部就班过？

还真有！我曾经的学生生涯不就一直在"按部就班"吗？我怎么会忘了？每天上课铃响了，该上什么课就上什么课，没有拖延，也没有逃避。可如果是让我自己去安排每天从早上 8 点到晚上 6 点学什么，我不拖延才怪了，无数个寒暑假为我做证。所以关键性的角色浮出水面，我需要的是一张课表。

在课表上，几点该上什么课都写得清清楚楚，一天被安排得明明白白。它让我不必去做选择。每次上课的时候我也没想着这是为了高考考个好成绩，或者这是为了变得更有文化。我什么都没想，上课铃响了，时间到了，该上什么课我就拿出课本等着老师来讲课。那个发布任务的自己，你听到了吗？这是那个执行任务的自己的成功经验：不要只给出一个想要的目标或者结果，请给出一张课表、一个系统，让我能按部就班、有的放矢地前进。

待办事项不该写在时间轴之外

原来，我需要的是一张生活和工作的"课表"。但我随便惯了，如果真的和上学时一样把每天的时间按刻度规划好，这又实在少了些许生活的乐趣。还是那句话，把该做的事高效完成，剩下的时间用来享受，不谈效率。那么我应该如何设定我的课表呢？

课表最大的特点就是定好什么时间里做什么事。该做什么事我已经知道了，每日有不同的待办事项，所以只差一步——

提前想好什么时间去做这些事。以前我的记录方式中，待办事项，即事先的规划，写在时间轴之上；每日实际做了什么事，即事后的记录，写在时间轴里。所以待办事项和时间轴之间是毫无关联的。显然，它们还可以结合得更完美。于是，一个更为理想的时间轴设计很自然地出现了。

　　　　　　　　　　　　　今天也要好好写手账啊

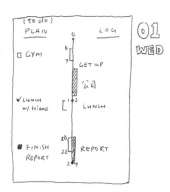

(to do)
PLAN   LOG   01
                                       WED
☐ GYM   0
          6
          7   GET UP
                '公司'

✔ LUNCH   [12   LUNCH
  w/ friend

■ FINISH 20
  REPORT 22   REPORT
          24

1. 日记
2. 笔记. 备忘
3. idea 收集
4. 照片拼贴

0 1 2 3 4 5 6 7 8 9 10 11 12 13 14 15 16 17 18 19 20 21 22 23 24

morning   meeting   Birthday
routine   (••)   party!!

WORK - TODO   PERSONAL TO DO

⊞ REPORT PPT   ■ HIIT

■ CALL XX   ■ BIRTHDAY GIFT

■ BUDGET MEETING

· 理想的时间轴设计：左侧是规划，右侧是实际情况记录。

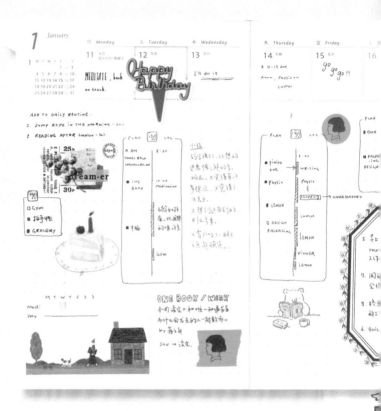

· 在不同款的手账上尝试使用我理想中的时间轴。

今天也要好好写手账啊

TRACKER·19° ~ 25°

KNEE	M	🍀	W	🍀	🍀	S	S
MEP:	M	T	W	T	F	S	S
TR·PULLER	M	T	W	T	F	S	S
EYE	M	T	W	T	F	S	S

JUST DO WHAT YOU ♥

Ticket to ride
Let's go away for awhile.

水 Wednesday 2021

21 金口

CHU → Bibbili

水 Thursday   金 Friday   土 Saturday   日 Sunday   2021

22 先胜   **23** 友引   **24** 先负   **25** 仏灭

ANZAC DAY.

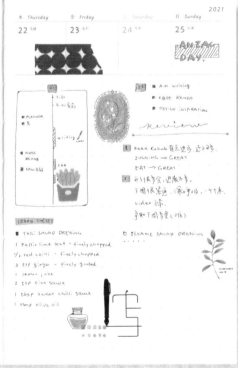

LEARN THESE!

■ THAI SALAD DRESSING
1 Kaffir lime leaf - finely chopped
1/2 red chilli - finely chopped
2 tsp ginger - finely grated
1 lemon juice
2 tsp fish sauce
1 tbsp sweet chilli sauce
1 tbsp olive oil

□ SESAME SALAD DRESSING
.....

■ A.M writing
■ KNEE REHAB
■ DESIGN INSPIRATION

review

① Knee Rehab 有点进步，还不够，
JUGGING → GREAT
EAT → GREAT

② 开始接孕余会，进展不多。
下周很简单。深呼吸，一小半天。
video 练练。
争取下周多看 (2节)

常见的时间轴都在书写空间的最左边，靠边儿站着。如果将这条时间轴移到书写空间的中间，就意味着空间被时间轴一分为二。而记录者要做的非常简单，和往常一样一条条写出待办事项，放进左边的空间。只有一点不同，将每件事都写在你希望去完成的时间段里。在时间轴的右侧记录一天的时间花费，尤其着重记录实际去做待办事项里那些事的时间段。这样记录，待办事项发布得更清晰，不仅有要做之事的内容，还有"官方指定"的做事时间。

于是，每日的日程上，可以很清楚地看到时间轴左侧是事前做的规划，右侧是实际操作情况。理想和现实肯定是有差距的，这并不意外。这样的记录能让这个差距更具体，能让那个发布任务的自己和执行任务的自己有一个共同的平台见见面、聊聊天，一起找出更为舒服的安排方式。虽然这样的课表可能每日都不尽相同，但如此这般记录一段时间之后，你的系统会越来越明晰。

这种记录方式其实是一个做减法的过程。当我们需要自行做出一些规划安排时，没有监督和截止日期对于执行安排很不利，不自律的朋友应该都有切身体会。所以，不如越过这个做选择的机会，直接按照时间轴里的规划来。这种方式对于培养习惯格外见效。基于我对自己的观察，当我想培养一个新习惯时，给这个习惯指派一个固定的时间格外有帮助。到了那个时间段，我们就很明白自己该干什么。没有往后推迟的选项，时间轴上都规划好了，这件事就是现在做，开始吧！

如果感觉把待办事项嵌进时间轴还不够来劲儿，我还有一个升级招数——给待办事项指定进行时间和截止日期。21 世纪的真理之一，截止日期是第一生产力，此言不虚。知道该做什么、什么时候做和什么时候停，这三项相乘是个"王炸"，每次临时抱佛脚的过程就是这个公式大显身手的时候。我从学生时代练就了一身抱佛脚的本领，现在做自由职业更是让这身本领有了用武之地。每当截止日期靠得足够近时，我那浑身的小宇宙真的被激发，要多投入有多投入，要多高效有多高效，飞速朝着完成工作奔去。虽然这样不够完美，但是至少我认识到，一旦明确还剩多少时间，我是可以十分投入去做事情的。没想到兜兜转转，这一点最后竟然应用到了时间轴手账的设计里。

创造一条有弹性的时间轴

我设计的时间轴其实称不上时间轴，明摆着就是一条线。从我写时间轴手账的感受来看，我们对不同时段的期待并不相同。有那么几小时恨不得分秒必争，又有一些时段大可马虎一些，没那么要紧。可是市面上的时间轴并没有提供使用者需要的"弹性"。有些手账本，如国誉自我手账，给了使用者一条 24 小时的时间轴，其中部分时段（一般是睡觉时段）的格子比较小，部分时段（白天学习工作时段）的比较大，这已经算是很人性化了。还有一些时间轴手账，直接掐头去尾，只有早上 8 点到晚上 8 点的区间。我就不太喜欢这样的设计，尤其对于自由职业来说，没有规律的上下班时间，这样统一化的一刀切并不适合我的生活。

我在设计时间轴时，希望做出一条有弹性的时间轴，一切让使用者自己说了算。最终我给出了一条干净简洁的直线。如果你希望这是一条 24 小时的时间轴，它便是。最顶上是 0 点、5 点还是 8 点，你说了算。它也可以不是 24 小时的，在这条线的最顶端写上起床时间，在底端写上睡觉时间，这条时间轴就是你一天的"活跃"时段。而睡觉是几点到几点，不标出来也很显而易见，活跃时段获得了更大的书写空间，一举两得。如果你和我一样又来到了熟悉的临时抱佛脚时段，一看表距离考试还有 8 个小时，得熬夜复习。那么这条时间轴可以是从晚上 10 点到第二天早上 6 点。这最后的 8 个小时，可要争分夺秒地利用好啊！就把最需要记录的这段时间放到时间轴上吧。至于第二天上午考完试之后要怎么玩、怎么庆祝，不写在时间轴上也没事儿，回头写进日记本可能更有趣！

　　这就是我想要的有弹性的时间轴。时间轴上的时光就好像被放在了放大镜之下，被我们审慎地观看。在记录之初也许全天 24 小时的观察非常有益。一段时间之后，我们对于生活有了清晰的掌控之后，就可以从 ICU（重症加强护理病房）出来了。大多数时候我的时间轴聚焦于最关键的部分而非全部。懒人如我，24 小时全盯着也怪累的。

　　我总相信人和人是不同的，每个人的生活也是不同的。手账既然要服务于我们，那么它就应该根据我们生活的样子来打造。即便同一个人的每一天，也不一样，想要记录和值得记录的都不一样。时间轴也大可不必都长成一个样子。

这就是我理想的手账，一条时间线串起梦想和现实。它有框架可依，又能容纳生活的随机性。我曾在视频里简单分享过这些思考，收获大家非常多的认同。于是开始筹划一本自己设计的手账，它不是文具品牌方的设计，也与市面上的手账都不太一样。这是一个资深手账爱好者从每一天的认真记录中得来的灵感。

当我把这个想法和品牌商分享后，竟然得到了赞同。相比传统的自我手账，我的这本改良版时间轴手账，仿佛是有两个"自我"在时间的刻度里商量着如何来过好当下的生活。我不知道这个比喻是不是确切，但手账搭台，你我唱戏，以纸为船，以笔为帆，而所谓理想的彼岸不过是过一种团结（先别和自己过不去）、紧张（为了之后的放松加把劲儿）、严肃（该正经的时候别掉链子）、活泼（好好做事就是为了这个快乐时刻）的生活。

既然这样，就赶紧把这个课表式时间轴手账用起来吧。

在杂乱的
房间里写手账

　　写出这个标题时，我告诉自己绝对不可以觉得不好意思。虽然像极了不爱收拾的文具爱好者的大型"洗白"现场，但是我的脑子已经被自己洗透了，明明就是在杂乱的文具房间里写得更带劲儿啊，一点儿毛病都没有！如果你是一个酷爱整理房间的好人，请带着关爱的心情阅读此篇；如果你跟我一样房间经常杂乱无章（先用一下"外人"用的形容词，后面我们再来慢慢平反），读这篇犹如给颈椎做一场按摩，点头如捣蒜的场景即将发生。

　　我因为自己爱买文具，又蓄谋已久地干上了"文具博主"的工作，于公于私我都是要收藏大量文具的。于是家里的一个闲置房间被我认领，成为我的文具房间。这可真是太快乐了。我把一面墙刷成了最爱的墨绿色，上面贴满了深爱的小插画、明信片和杂志里撕下来的小纸片。4个书柜靠墙排排站，从此我的各种文具住进了楼房。书桌一张是不够的。一张大桌子作

　　　　　　　　　　今天也要好好写手账啊

· 我乱到堪称壮观的桌面。

为日常使用的书桌,写字和工作都在这里进行。靠着一面窗的
地方放着一张小书桌,是专门用来拍摄视频的地方——抢天光
专用位。除此之外,我还有两架小推车:一个上面有12个小抽屉,
用来放纸胶带一类的小物;另一个推车有3层大空间,用来……

一时难以概括！用来堆各种还没来得及收拾起来的文具。

虽然写手账经常和"擅整理""有条理"联系在一起，虽然据说空间也对应着内心里的某种秩序，但我的手账房间就是这样"层峦叠嶂"，别有一番风采。请允许我说，这也是一种自成一体的秩序。

我的人书桌的整洁程度如果做曲线图，可以清晰地看出是呈波浪起伏状。最整洁的状态往往可以维持一夜。取个平均值来说，就是这书桌在我眼里，复杂而富有层次，一张照片拍下来会给人一种信息量溢出画面的感觉。如果同是文具爱好者的你看到了我书桌的照片，绝对会两指放大一寸寸来看，看得满心欢喜满面红光！在所有时间里，起码椅子前对着的那一小块空间能看见桌面的颜色。好了，请以此为据，尽量往好的方向去想象一下我的桌面风景吧。

我写手账的环境就是面对这么一张驮着异常多优质文具的桌子，身旁和背后的书架上满是文具。有时候地上还会有几箱刚收到的快递，这些是还没来得及放进书架的新文具。在我眼里这个房间真的约等于天堂，不过老陈和 Cody（我家的狗）绝对有不同的看法。不好听的话嘛，说是不怎么会说的，反正他几乎不会进来。这也很好，最好只有我一个人进来，为此我还在我的房门上挂了一个红色的牌子，上面写着"Sorry, we are closed"（抱歉，我们暂停营业）。这种乱的逻辑只有我懂。看似是一个杂乱的房间，东西都随机而无序地摆放，实则不然。反正我需要什么的时候，都能快速从这堆杂乱的东西里拿出来。仅凭这点，我的文具房间就不是无序的，它遵从的是我内心的秩序。

我相信一定有人跟我有一样的想法，觉得乱一点的房间更有生活的气息，令人更自在。我不反对如今大热的极简主义，我也深信我所拥有的远远大于我所需要的。可是人嘛，如果你足够幸运真的找到了一件你爱的事情，拥有之后努力做到物尽其用吧！起码我是这么告诉我自己的。

在这个房间里写手账有一种特别的气氛，想必这和房间的乱也有一定的关系。反正坐在这里时刻都感到自己很幸运，被喜欢的小物件环绕包围，偷偷地开心。这种开心不方便与人分享，也不知道从何说起。只能和自己说，在本子里说。

因为文具多，为了增加各种文具的使用频率，我会在收纳时有意不去过分细品类。例如我有 6 个收纳盒用来放便签。便签都是随机放入的，并没有按照品牌或者色系分类。我的印章、纸胶带等小物也都是这么收纳的。写手账时，我就随机抽出一盒，用那一盒里面的文具就好。虽然都是自己精挑细选回来的，可是每次这么干都有一点儿开盲盒的惊喜。缺点也是有的，就是如果你特别想用某一款便签或者印章，就需要花点时间去找。还好这样的时刻在我的生活里不常发生，我往往都是抽到哪盒用哪盒，反正都是喜欢的，用着都开心！真有喜欢到不行的那种文具，恨不得每天用的，我会直接摆在桌面上。每隔一段时间也会去调整一下这些占据核心地位的文具，风水轮流转，主位也轮流坐吧。

其实也不是没想过把我的文具进行一个大整理，像图书馆里

今天也要好好写手账啊

· 我的手账房间，这是最近一次整理过后的样子（对我而言已经过于整齐了，不知是否能持久）。

的书一样每个贴编码，入系统，上货架。不为卖，只为自己好管理。最后还是放弃了这个想法。一是因为麻烦，二是因为这样操作总还是显得太职业化。我一直自认为是一个文具爱好者。不是手账讲师，也不是文具推销员。我是文具爱好者。我总感觉爱好者爱得过于专业了的话，就少了一丝生活气息，好像爱得不纯粹了。我觉得这样不适合我。我的文具还是更应该待在一个不是那么规矩的地方，不应该被贴上编码，那样总是不太自在的。

我的文具房间就是这样的气息。很多人看不惯，每次我发出书桌的照片，好多人都提醒我该整理桌子了（当然很多人也是开玩笑）。殊不知，我就真的是在这样的房间里写手账才写得最带劲儿。我还为此异常骄傲，把我乱乱的书桌拍了照片，放在每个视频的末尾。每次看到那一刻有弹幕飘过来"桌子够乱的"，我就心想"你不懂我的爽啊"！如果这时候飘过的弹幕是"好想坐在这里写手账啊"，我就心想"朋友你懂我啊，真希望你能来"！

我的文具房间就是这样，有一点儿杂，有一点儿乱。因为写手账于我，并不仅仅是一份热爱着的工作，也是自在嬉戏的游乐园。

你可以在
各种地方写手账

　　一旦你可以在杂乱的房间里写手账，那么在哪里写都不在话下。这当然是一句强行挽尊的话，不过呢，写手账的确不需要有一个固定的地点和环境。本来手账就是拿来规划和记录生活的，生活到了哪儿，自然就写在哪儿。虽然我有一个专门的文具房间，但我的手账却不全是在那张桌子上写的。这反而是有趣的地方。当你在不同的地点、环境写过手账，你的每一篇手账就会变得很不一样。我喜欢体验和看到这样的不同。

在书房写

　　在书房里写手账自然是最舒服最熟悉的姿势。如果时间充裕，我还要搞一套小仪式。并不复杂，不知写出来各位看着会不会觉得矫情，我们试一下。我特别怕被人认为是矫情的，还从来没跟谁分享过这套小仪式呢。

　　首先，我会弄一大杯黑咖啡，温度就是偏热一点。总之不能是烫的，我不喜欢等。

　　然后，我会点一根线香，长的，燃1小时的那种。牌子没有讲究，日本的、印度的我都用。用我非常没有诗意的语言来形容，就是房间闻起来像座庙。我喜欢这个调调，莫名觉得和写手账这件事非常搭。各种香氛蜡烛的气味都太鸟语花香了，像个假花园，不适合我。矫情吗？就只剩一条了，坚持一下！

　　最后，我会打开一个在日本街头走路的视频。我真的太

· 在书房里写手账的美妙时光。

感谢这些制作精良、画质优美的走路视频的博主了。我会选择没有背景音乐，只有环境音的走路视频。最好就是在背离主街道的小径里走，有时候下起小雨，我心情都开朗起来。那些日式的小巷子在雨中就是有别样的味道呀。就是苦了这些博主了，下着雨录制肯定不方便吧！我一定会记得点赞支持。

　　这三件事，就是我的秘密仪式，构成我写手账的最佳气氛。随心所欲地在纸上写写最近的困扰，安排一下下周的工作，画一下最近喜欢的小物，别提多自在！咖啡嘛，偶尔喝几口，线

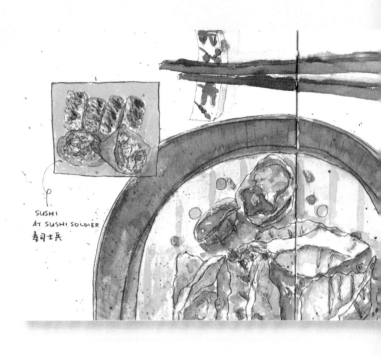

SUSHI
AT SUSHI SOLDIER
寿司士兵

·在餐桌上写手账，好处就是可以边写边吃吃喝喝，
不太好的地方是书衣和页面也经常"雨露均沾"。

香幽幽地飘着，视频在偶然抬头时看几眼。不疾不徐，甚至忘
了时间。

今天也要好好写手账啊

在餐桌上写

DUMPLING
AT FIGHTGRAINS

10 8 17

我有几个非常喜欢的手账书衣上面都沾了油点，因为我第二高频写手账的场地是餐桌。吃饭时，有时候本子就放在菜盘子旁边。一根滑溜溜的粉没夹起来，让它跑掉了，汤就会甩几滴上去。我这人比较怪，对东西很不"爱惜"。当然旁人看了大概会觉得我对手账不够爱惜，我自己可不这么认为！手账本是跟随我的小助理，我衣服上油点子溅得，我的小助理衣服上怎么会溅不得？这些算不上工伤，最多就是使用痕迹吧。使用痕迹我很喜欢的，甚至每一个深一点的痕迹我都能给你讲出来历。

在餐桌上写的手账往往有一大主题，就是购物清单。字迹比较随便，里面还充斥着我常用的蔬果简写（花菜是 cauli；西兰花是 broco；鹌鹑蛋会因为笔画多到过分，被缩写为 acd）。还有一大手账主题是手绘类手账，居然也经常在餐桌上进行。要画水彩了，就去厨房拿个白盘子作为调色盘，拿个咖啡杯涮笔，很方便！只是有时候老陈回家会误以为餐桌上有杯咖啡，其实是我刚画了棵大树洗了笔刷的脏水！

在飞机、火车上写

我酷爱在交通工具上被"关起来"的时间，所以我每次坐飞机、火车一定会随身带笔和本子。有一次忘记带本子，就直接在多余的新西兰入境卡上画画儿，好几名空姐经过时看到了都来跟我聊天，还管我要那幅画儿呢！这些经历都是好有趣的故事，你也看出我字里行间的得意了吧！虽然那幅画儿被问能不能留给空姐让我非常嘟瑟，可我还是因为觉得很特别而没舍得送给她，带回家贴进了手账本。

在飞机、火车上写手账我会用最简单的文具。就算有铅笔、橡皮，我也只会用铅笔，不会用橡皮，因为会有碎屑不好清理。再加上交通工具偶尔会不平稳，有时候写出来的字、画出来的线条都是抖的。完美主义者直接倒下。我是不完美俱乐部的成员，最喜欢的就是这样不受控的小意

外，而且还不能用橡皮。疫情之前，我经常飞10小时之上的行程，这是我最佳的创作时间！写过非常多手账，画过很多小物，都是"完美的不完美"，是我的珍藏！

唯一要小心的就是别把本子落在交通工具上！

· 这就是我画了画儿的入境卡，不舍得送给空姐，
带回来贴进了手账里。

在咖啡馆写

在国内的咖啡馆写手账似乎是更合理的场面，我就见过好多次。手账同好们带出五花八门的手账小物，摊在桌上，纸胶带和本子的缝隙里有几杯咖啡、几份小食。场面异常热闹而有生趣！可我住在新西兰，在咖啡馆办公的人都很少见，更别说摊一桌子文具大搞创作了。不过我是这么容易被劝退的人吗？我在咖啡馆写手账的时候一般都是拿出比较精简的工具，一两支笔、一个本子，记录一下想记录的。最常出现的主题是记笑话。我有收集生活里搞笑的话和口误的癖好。最喜欢的就是发音上的口误，比如把土豆不小心说成了 tou du，我能笑一星期。所以我一旦发现了这样搞笑的事儿，就会立刻写下来，以备以后没笑话笑的时候拿出来回味。

不过我倒是有一次为了拍摄视频特地在咖啡馆写手账，并且大张旗鼓地录自己写手账的过程。虽然一个人操作这么些已经够忙了，我还是用仅剩的一点点注意力留意了一下身边的人。这是一家比较繁忙的咖啡馆，开在植物园里，午餐时段人不少。经过我旁边的人有的会瞟几眼，有的会在礼貌距离驻足观看一下（我在画我点的那杯馥芮白，并且往本子上贴从植物园捡来的树叶），除此之外也并没有什么别的互动和交集。所以其实也没什么不好意思的。

· 在咖啡馆写手账的时光非常惬意，似乎写的内容也多了一些香气。

在酒店写

一到要旅行的日子，我就会进行一番抉择：这次带哪个本子呢？选来选去，最终还是会带一本 Traveler's Notebook。谁会不想要旅行者这么一个头衔呢？

旅行途中不一定能每天及时写旅行日记。但是万一哪天得空了，想写了，手边没带本子，我会感觉好遗憾。所以虽然工具从简，但是得有。酒店的选择多种多样，有时候住的民宿只有一个小小的方桌，四条腿还不够稳当，写字会晃荡，也是一种趣味。能及时记录旅行故事是回去补录所不能比拟的。因为有许多当时当刻的心情和气味，睡过一觉就忘了。也许是因为它们不够重要，印象不够深刻吧。可是记录下来的那些，每次回看还是觉得特别有趣！甚至会一同想起写这一页手账时耳旁听到的陌生语言的电视声，手边刚从便利店搜罗回来的没吃过的零食，还有那一整段旅行时光！

记得初中时写日记，为了不让我妈发现并阅读，每次都躲在洗手间写。坐在马桶盖上，本子搁在旁边的洗手台上，侧着身子潦草而真诚地记录学校里发生的芝麻小的事件，用特别震撼的大词去描写青春期的内心及情绪起伏。那个场景我总是记

今天也要好好写手账啊

· 陪老陈去参加"半马"的时候，在当地老奶奶经营的民宿房间内的茶几上写的一页手账。

得。那时候为了记录，对于记录之外的事不管不顾。洗手台的水渍、字迹不够美观整齐、坐姿别扭，这些完全不在考虑范围内，一心只想把生活写下来。也许那时候的我就发现了记录本身对我的意义，而在不同的地方记录似乎又叠加了一层意义。

在不同的地方写手账，似乎多多少少和写手账带的那种仪式感略有违和。但能够不拘泥于环境，随时席地而坐，进入一种"写"的状态，那简直就是一个类似禅定的高光时刻。

在不同的地方写手账，记录下那个时刻和那个时刻的你自己。相信我，当你这样做的时候，那一刻，就那么悄然镌刻进了你的生命里。

我的散装文具
设计师之路

掐指一算，我参与设计的文具竟然不少了，从笔、便签、点状双面胶，再到新近要推出的手账，作为一名散装文具设计师，一路磕磕绊绊，真是感慨良多。

我从一个文具爱好者变成一个文具小博主，其实是很自然的。这个过程中我做的事情没有大的变化。无非就是从一个人沉默地写手账、玩文具，变成一个人"自言自语"地在镜头底下写手账、玩文具；从一个人开箱新文具激动得手舞足蹈，变成一个人在镜头底下开箱新文具激动得语无伦次。真正变化的是我所能接触到的手账、文具同好的群体在日益扩大。文具小博主的身份让我遇见了好多素未谋面却惺惺相惜的陌生人，我们爱好相同，品味相投，意见可能时而相左——但这也正是这个过程中好玩的一部分。我们一起讨论着时下热门的文具品牌，聊着新的限定产品。我们是一群站在文具产业终端热诚地挑选文具的消费者，是文具品牌最想要取悦的人。

· 这些是我设计的文具中的一部分，自己
也没有想到，竟然有这么多了。

　　许多事情发生的当下，我们并不会意识到这是一个重要
的时刻，例如我的第二次转变，从文具小博主变成文具设计者。
这既不在我当时的计划之中，也不在未来的畅想之内。我甚至
都没把自己往这个方向培养过。不是我不愿意或者没兴趣，是
觉得这离我太遥远了。我是一个文具消费者，我是一个在视频
里对各个品牌的文具指指点点的评论者。突然我要加速跑，跑
到一个文具还只是灵感泡泡的地方，亲手去把泡泡塑成一个实体，
送到大家面前，让他们去心动、去买单和去评论。这地方怎么去？
这灵感泡泡哪里来？这塑形过程怎么造？我是懵的，就是字面

今天也要好好写手账啊

意思上的"一问三不知"。

现在回忆，成为文具设计者的机会就像传说中的天上掉馅饼，这个馅饼就是那么不偏不倚地掉到我头上。我总说玩文具之后我的运气真是太好了，运气开了挂似的好就是从这时候开始的。

被馅饼砸中

那时候我微博满10万粉丝，计划办个抽奖活动感谢大家。但是总是只有几个幸运儿能得奖，其他参与者往往陪跑。我都这么老多粉丝了（早期容易膨胀），有没有什么办法让大家都能获得一点儿什么呢？于是我想出一招，准备丰厚奖品给获奖幸运儿的同时，争取粉丝专属的优惠券，给需要买文具的小伙伴省点钱总是一件好事吧，而且需要的人都能获得，人人都是幸运儿！

于是我第一次尝试给自己拉赞助。我打开了经常购买文具的网店，找到他们的微博，一家一家地说明我的来意（少不了对自己吹嘘一番）。其实那时候我不知道这些店铺规模上的差异，或者说我对淘宝和天猫上的店完全没有概念，总觉得淘宝小店嘛，都是小店！没想到我在微博私信联系的几家都回复了我，并且很支持我的抽奖大计，那次的抽奖也就在大家的帮衬下顺利地进行了。我也因此认识了这几家店铺的微博运营人员。我就说我对这些店没概念嘛！那时候我都没想过他们还能专门有一个运营社交媒体的人，在我心中和我发微博私信的人肯定就是店主呀！有一天联新文具的大雄加我微信，我挺纳闷儿的：这个品牌不是在微博都跟我聊好了吗？此大雄并非在微博跟我私信沟通的人，他是联新办公专营店的主理人。

认识大雄之后其实交流并不是很多，只是一直说有机会了一起合作。没想到有一天我收到大雄的消息说，有个套装想要一起来做。我当场就答应说没问题。为什么答应得这么快呢？一是因为我傻，我压根儿没明白他说的"做个套装"具体指什么，没想过我有没有能力做好。二是因为我对大雄非常信任。他是那时我合作过的品牌和店铺里，唯一一个明确表示商品推广视频不必带他家产品链接的。他说你们博主都不想直接这么放链接吧，没事，只要这个产品好，大家喜欢，我们的销量就不会差。这份自信令我印象非常深刻，虽然我当时对大雄了解不多，但直觉告诉我和他合作是靠谱的。

大雄的想法是我们一起推出文具套装，要做就做质量好的，找厉害的文具品牌做定制。于是我们一合计，敲定了两个套装，包括和日本百乐、斑马、蜻蜓等多个品牌合作的定制产品，也就是我们早期推出的几个套装。这些品牌在国内的文具爱好者心中认可度非常高，质量过硬，再加上我们自己做的设计在当时是挺有创新性的。这些品牌的限定文具一般都从日本进口，我们推出的这些定制文具是"中国限定"，只有在国内才买得到！这个合作过程里，我主要负责的是做好设计，做好宣传视频。大雄的团队就辛苦了，从和品牌谈合作、产品设计的各种细节，到销售、售后和物流，统统由他们来负责。不过我想这

今天也要好好写手账啊

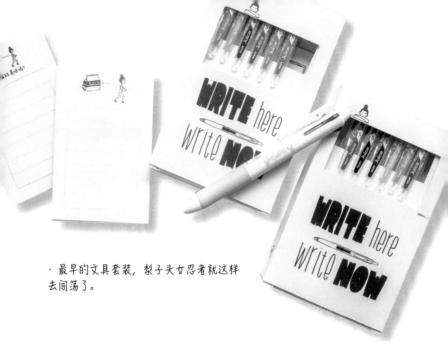

· 最早的文具套装，梨子夫女忍者就这样
去闯荡了。

样是最好的合作模式，大家都做好自己擅长的事儿。这似乎是
从第一次合作开始就有的默契和信任。我的设计他们几乎从不
干涉，哪怕是定制十万支的中性笔。设计之外的事我也完全相
信他们会极致用心做到最好的。

　　于是一切都往我没想过的方向在发展，直到今天也是如此。
我总觉得有一双看不见的大手在推着我走。除了那次给自己拉
赞助之外，似乎想不出自己还做过别的主动出击的事情了。因
为和联新文具的合作，我有了一次又一次与文具品牌联名出产
品的机会，去日本参观文具公司，采访他们的设计师、各个部
门的部长，把我设计的文具带进茑屋书店等实体店…… 没有一
件事在我曾经的设想之内，一切都比想的更好。我总打趣说大

雄是我的"经纪人"，其实他绝对是我的伯乐，是我最信任的合作伙伴。

有了这么好的机会和平台，有了这么靠谱的队友，看似一切都会很顺利。我只需要做好我的设计，其他不用操心。然而，被"馅饼"砸中只是第一步。"馅饼"怎么吃，吃不吃得下，我是抱着"馅饼"时才现想的。

散装设计师的进阶之路

作为资深文具爱好者，我自认为眼光还是挺毒的。经常有文具大赏公布获奖名单时，半数以上的获奖文具我早就收入囊中了。基于我对文具和文具爱好者的了解，在设计文具时应该特别容易抓到方向吧？抱着"大馅饼"，我陷入这美好的幻觉中。

大家应该见过点评歌手的唱歌水平说得头头是道，自己拿起话筒五音缺三个的那种人吧？我在最开始做设计时，就是这样的感觉。在此之前，画画儿是我的爱好，画每天的小生活信手拈来。可真要我画个设计出来，要印在笔杆上、笔记本封面上，我的脑子里就自动播放出各种质疑的声音。没学过设计，没正经训练过，电脑上连 Ai（一款工业标准的矢量插画软件）都没有，也敢揽这个瓷器活儿？做第一个设计时，我就深刻地认识到以前那些被我瞧不上的设计也是不容易做出来的。人的品鉴能力和设计、创造能力中间隔着八丈远！

虽然对自己的设计水平心里打鼓，但起码我有很好的判断力吧。可是在这一刻，这么多年积累的那些好恶和评判，似乎并不那么站得住脚了。在做设计时，我的心中该想着谁？如果我的设计大家不喜欢，最后卖不出去可都是联新文具扛着。虽然我自认为对文具的选择很有一套，可消费者群体是否跟我的步调一致？市面上多的是我看不上的文具，一样卖得风生水起，我的眼光是不是太小众了？我们合作的文具品牌有自己的调性和风格，设计也有各种更加具体的要求和限制，我做出的东西会不会被品牌枪毙掉？

一瞬间，太多的想法化为压力劈头盖脸地砸向我。不过还好，我还有截止日期。如果说对于很多人而言，截止日期是第一生产力，在我这儿，尤其是面对极具挑战的事儿时，截止日期几乎是我唯一的生产力。现场去报个设计班是来不及了，我只能遇上什么不会就现学什么。创意类的工作有一个很妙的点在于，并不是你在桌子前面坐得久，事就做得出来。往往是想法已经比较成熟了，坐在桌前才真的能生产出东西。而想法的酝酿是不分时间地点的。所以这类工作其实很难计算工作时长，看似没在工作的散步、运动和洗澡时间，心里都惦记着这件事。截止日期就是一剂加强针。很多时候没有灵感，当截止日期快到了，想法就冒出来了，真是很神奇。

可内心的疑惑还是需要去面对的，不然如何做出能骄傲地向大家推荐的文具？

几次设计下来，我发现曾经简单地把这些设计工作理解成画画儿是非常浅层的解读。如果这个产品仅仅需要的是一幅好看的插画，那找我干什么？有那么多专业画画儿的人，谁不比我画得好？我应该做自己擅长的事。回想自己选文具的时候，看的是这个设计是否打动我，我们有没有共鸣。文具上印的图案固然重要，但是画画儿的功力并非我第一考虑的要素。真的打动我的，是那件文具是否在哪一个点上击中了我的心，让我会心一笑（甚至一跳）。咋就这么会呢？咋就这么了解我呢？而我，想做的就是这种。我们做出的第一个文具套装里，有一个叫"拖盐"的便签本，上面简单几笔画着一个小人儿费力地拖着一袋比自己整个人都大的盐！乍一看可能不明白这是什么意思，但是念出来就懂了——拖延。试想在一张画着"拖盐"插画的便签纸上写下今天一天的待办事项，是不是有一种反差萌？而写了多年手账也没有变身效率达人的我们，就是这样拥抱着难免拖延的自己啊！至今我的画画功力都很一般，这是实话。但是我的设计里有我的风格，有我观察生活的态度，也有我对文具的理解。这些是我独到的部分，也是我真正想表达的。当我想通了这一点，剩下的就是去做。该学习、提升的知识和技巧飞速习得。这可能是最有效率的学习手段：边想边干，在实践中学习。

做一个让谁喜欢的设计，曾经是困扰我更长时间的问题。这题的满分答案自然是做出一个让所有人——联新文具、品牌方、我的粉丝、不认识我的消费者以及我自己——都喜欢的作品。但是这世上哪有人人都喜欢的东西？这一路下来做的设计几乎在每一环都碰过壁。"市场还是青睐可爱风的文具"，"这不符合我

· "拖盐"文具及手绘草稿,至今我都记得画这些时心中的那种感觉:来吧,尽管"拖盐",写手账至少让我们变得更加接受自己、爱自己了啊!

们这系列产品的风格", "这几个颜色才是买得最多的": 各方的意见汇集而来。有时为了推进合作也的确要跟着一些数据和规矩走,但合作得越久,我越觉得,设计首先需要打动的是自己。

　　这不是一句空话。我也试过完全按照别人的期待来做,一旦这个期待跟我的喜好有强烈冲突,这件事真是完全推不动。身体直接放出抵触信号。再想到之后要为这个设计做宣传,昂首挺胸地推荐一番,实在是觉得拧巴。即便我认清设计首先要过自己这一关,沟通仍然是需要学习的。不光要表达自己的想法让别人明白，也要客观地接收和理解别人的意见。早期时，我特别容易因为别人对我的设计提出的不同意见而苦恼和焦虑。明明是针对设计，我的内心却很容易解读为这是对我能力和判断的质疑。这可能是一个必经的转变过程。毕竟以前我是为自己画画儿，从来不用在意别人的看法。而现在我们是在做产品，多方的意见是有益的，闭门造车比较有风险。我的心态需要一个调试的过程。

同时，我也在学习更勇敢地坚持自己的意见。不怕你笑，我是一个非常容易放弃自己立场的人。跟我合作过的许多人都会事后给我一个美誉：配合度极高！我听到之后嘴上表示感谢，内心多少还是残留一丝酸楚。我不是真的配合度高，只是不敢表达。在一次又一次的设计工作里，每次意见不同的时候，我都会很快就选择去迎合对方的要求。不表达，我的声音就不会被听见。每次的退让积累起的那种不酣畅的感觉，最终让我意识到自己需要做出一些改变。改变之后，往往我就会笑话之前那个唯唯诺诺的自己了。因为我发现一切远没有之前想得那么复杂。我表达了意见，对方听明白了，于是我们可以有下一轮的商讨，该争取的争取，该调整的调整。我们虽然意见不同，但是目标一致，都希望事情能推进，能办好。因为怕被对方拒绝而不敢表达的我所做的退让，并不是对这个目标最有益的选择。

设计工作中，我的另一个问题是非常不善于求助。可能这些年做自媒体从来都是一个人，已经习惯了好的坏的都一肩挑，对于"合作"这种工作方式已经不熟悉了。我明明是有队友的，早期却很少去寻求帮助。我对设计软件 Ai 非常不熟悉，图稿早就有了，只是在转成 Ai 格式的文件时遇到很多麻烦，耗费相当长的时间。直到现在大雄还会经常提醒我，设计的部分一起来做，别一个人傻做。也许我内心还是希望装成一个比较专业的样子吧？但在工作中因为自己需要学习而拖长项目时间，是自私和不负责任的。放下这个执念之后，我发现有队友真是太幸福了！该学的技能自然是希望能学好，但是就工作效率来说，还真是应该每个人做自己擅长的事儿！

设计这件事很难，但是现在逐渐变得顺手了。也是托大家的福，我觉得在设计上也越来越能找到自己的感觉了。虽然还有太多需要成长，但我从心底里相信，未来我和合作伙伴们会拿出更多厉害的、写着我名字的好文具，亲自介绍给大家，并且努力让喜欢的人都能拥有！

三年来，我这个散装设计师在一点一点完善自己的技能，学习与人沟通和协作。虽然这个过程里队友们已经帮我最大程度地扫清障碍，但是该自己爬的坡是不能由别人代劳的。也因为这些事对我很有挑战，当我们推出的定制联名文具特别受大家欢迎时，那种喜悦远比完成一件驾轻就熟的事要翻好几倍。每次有新产品上线，我就期待着瞬间售罄的场面能上演。大雄每次都这样评论我的想法：还是太年轻。他说几分钟卖完有什么好，喜欢的人都没买到，到时候要有意见了。确实是这个道理，可我就是忍不住幼稚地在内心期待着"秒空"的场面，感觉那是对这一切努力最大的褒奖。如果读到这儿的你也经历过限定联名文具没抢到的事儿，对不起，我还是太年轻！

从自己写手账、玩文具，到拍视频分享写手账、玩文具，再到用自己的眼光和审美来参与设计手账和文具，感觉我真的很像一路冒险、打怪。不，这个比喻并不恰当。我是在游乐场中越玩越开心，最后竟然画起图纸来，自己亲手建造喜欢的游乐设施。虽然我的"游乐场"是手账和文具这方寸之地，但在这个过程里，我感受得到，也看得到自己的那种欢畅和成长。

设计是什么？我曾经以为这是一个和自己没什么关系的专业领域。而现在的我，可以说，设计是一种表达，我通过参与设计来表达心目中理想的文具和手账是什么模样；同时设计也是一种回馈，我从写手账、玩文具中获益良多，我也愿意努力把那些欣喜和愉悦传达给更多的使用者。

这就是我这个文具爱好者、手账小博主、散装设计师的一点儿小感悟。

我这一路真是被太多人善待了。我只不过是一个对文具和手账充满热情的普通人，每往前探一步都挺为自己捏把汗的。似乎最不信任我的人就是我自己了，需要许多来自文具好友、视频观众、粉丝和合作伙伴的鼓励才敢继续向前。没想到回头一看，也走出老远了呢！其实，很早开始我就不许愿了。我眼光不长远，看不到 5 年、10 年，只希望做好眼下的、手边的事，先让自己心里过得去。而那些没想过的好机会竟然自己跑到我面前，超出想象的有趣经历一幕幕上演。我想象力有限，许的愿总是不如现实精彩。

当我终于面对你

　　我是怎么成为一个视频博主的呢？2015 年的一天，我偶然在新西兰的书店里买到一本砖头那么厚的素材书。素材书里就是任使用者拿来做手工的一大堆素材，内容丰富极了，有的地方还设计了未必一下子就可以发现的小机关和小心思。那么厚的一本书，没有一个角落是重复的！这可太有意思了，不分享出去谁憋得住？而那时候，微博上的图文分享最多是 9 张图。我一琢磨，仅仅用 9 张图来代表这本书也太难为我了，而且那么多小机关都是动态的，图片和文字在这一刻略显单薄。"拍个视频吧"——这个想法第一次出现在我脑子里。接下来就是那纠结的一分钟。这本书里太多小细节了，光拍不指出来肯定很多人会错过，那就实在太可惜了！我不光要拍，还要说。可为什么那么多手账分享视频里大家都不说话或者说话之后做变声处理呢？想了一分钟我也没想明白，干脆先拍了再想，不然一会儿太阳就落山了。

　　视频录好，剪辑掉了些废话，时长还有将近 20 分钟。"有点长了，观众不会看完吧。" 于是视频被简单粗暴地直接加速处理，加速到我能听懂的最快速度，导出生成最终版本。就这么发布吗？这时候最开始纠结了一分钟的问题又回到我心中：要放出声音吗？要用原声吗？其实从小我就对自己的声音特别没有自信，总觉得自己声音特别粗，不像个女孩。但转念一想：这视频里我只露出了一双手，没人看得到我的脸，也没人知道我是谁，有什么要紧呢？于是我愉快地决定，立刻上传、发布，多一分钟都不能等。真的太想知道大家看到这本素材书的反应了！

　　这是我发布的第一个视频。这个视频也奠定了日后我在大家心目中最主要的几点形象：

　　我的本体是一双手。

·最早的视频中，最具识别性的就是我的手。

我的视频是原声，不做变声处理。

语速快得惊掉人的下巴。

可以说当时我一点儿包袱都没有就迈出了这一步，就是因为一个特别朴素的道理：反正别人看不见我的脸，没人知道我是谁。这句话在很长一段时间里都是我安全感的来源。在网上难免有被挑剔，甚至被攻击的时候，但只要想到这句话，我总能一瞬间满血复活。

"我媳妇儿特别喜欢你，能给你拍张照吗？"

文具品牌国誉在上海举办了一次线下展会，我被邀请去现场做一场直播。直播对于当时的我，是一个非常熟悉的新形式。我没有多少直播的经验，不过这场直播和平时在视频里做分享很类似——镜头拍着不同的文具，我在镜头背后解说即可。尽管如此，对于这个新尝试，我仍然是激动和期待的。因为我总算能见到看我视频的人了，至少是其中的一部分。

我曾经很多次想过，那些看我视频的观众，他们和她们都是什么样的人？可能很多人还是学生吧？是什么时候第一次看到我的文具视频的呢？喜欢我分享的内容吗？我也许陪他们吃过饭，和他们一起消磨过闲暇时光，给他们推荐过不少文具，也跟他们分享过我生活里芝麻大的那些事儿。我的内心中有太多问题想问他们，这群给过我鼓励、关注、建议和期待的观众。也许他们对我已经相当了解了，我却对他们知之甚少。从玩文具之初我就极为热情地在网上分享我的爱好，其中一个原因就是我生活的环境中完全没人能跟我交流这些。向外去分享的过程其实是一个找同好的过程。而这次，我终于要第一次见到这些同好了！

但在激动、期待的情绪之上，还有一层无法忽视的紧张感。因为我将第一次曝光我的脸。

我已经拍了两三年的视频，但是一直不愿意露脸。一方面是躲在镜头后的安全感，一方面为了保护隐私，但我内心很清楚，占比最大的原因是我觉得我不够好看。我不够瘦，上镜录视频更显得胖；化妆技术不够好，很可能弄成个京剧脸；眼皮一单一双，看上去大小眼很不对称；说话紧张时还容易歪嘴，法令纹都是一侧比另一侧深……每一寸我都能挑出毛病，这还只是在说脸，身材"毛病"更多。每当我想"要不我也录个对着镜头说话的视频"时，所有这些负面评价就会迅速摆好阵形，向我发招，直到那点儿念头被消灭得渣都不剩。每次重新躲回镜头之后，那种熟悉的安全感再次回来，我就告诉自己，这才是我的"风格"。

这真的是我的"风格"，还是我仅剩的选择？

接到这次工作邀请时，我立刻就答应了。还好，在那一刻，期待和激动是大过紧张的。我马上对自己展开了心理建设：来现场的朋友数量很有限，这和直接在视频里露脸然后放上网不是一个量级，不必那么焦虑；在现场如果有朋友要给我拍照或者和我合影，我就请他们打开美颜功能并且提醒他们不要发到网络上，这样总归是安心一点吧；距离去上海还有一段时间，抓紧时间减减肥，去的时候不是状态能好一些吗？

活动现场真是堪称文具控天堂！场地不算大，但是队排得可长了。会场里满满的新奇有趣的文具和爱文具的人们。而我，举着一台用来直播的手机，一样样文具拍过去，不停地说着这些文具的功能和上手使用的感受。在直播的过程里，似乎我的注意力就像一束追光灯，手机拍到哪里我的全部注意力就跟到哪里，全然忘记了留意旁边来来往往的人有没有注意到我，会不会认出我是那个"不是闷"。本以为我自己有超严重的容貌焦虑，无比在意自己的样子，现在看来一旦碰上文具，我的脑子里就没有自己了。

直播任务很顺利地完成了。放下手机，摘掉耳机的那一刻，我身边的信息才开始往脑子里输入。好多场外排队的人都笑盈盈地看着我，一个女孩对我说"辛苦啦"，旁边几个女孩拿着手账本问我"闷闷可以帮我签名吗"，还有人一边给我拍照一边问我"闷闷可以一起合个影吗，我超级喜欢你的视频"。哇，不瞒你说，我那一下子真觉得自己有点儿出名。我问递过来本子的几个女孩"真的要签名吗"，她们说要的。于是我问了她们的名字，在她们的手账本上写下"To 某某，很开心在这里遇见你"之类的内容。可惜因为举着手机直播了 2 个小时，右手依然很抖，写出的字也是歪歪扭扭。我说"不好意思，写得不好"，她们说"哪会啊，谢谢你"。想跟我合影的我统统答应，不过没有忘记加上一句"请打开美颜功能吧，还请不要发到网络上哦"。

活动结束，我一开微博就看到了我的照片，果然还是有人发到网络上了。我一一点过去看了微博，看了美颜相机下的我的脸，看了评论区大家的惊呼和赞美。我想，这是一个愉快的晚上。直播工作顺利完成，见到了好多爱文具的同好，听他们说了许多溢美之词。虽然有的朋友仍然把照片发到了网络上，但是我用美颜照片换来了更多的赞美。人啊，果然还是爱听好话，哪怕其实夸的根本不是我，而是严重美颜滤镜下和我已经不太像的那张脸了。

一切行程结束，我又回到了往常安静的生活。一天我在私信箱里收到一条消息，对方说很喜欢我的视频，因为各种原因没去成国誉的展会，于是特别让她老公那天去了，并且很开心给我拍了照片，专程私信发给我。文字后面附上的超级高清的照片里，我对着镜头拘谨地微笑着，大小眼明显，头发奇怪地翘起来，嘴里好像还咬着什么东西似的，背后是焦点之外热闹的展会现场。

　　我想起来了，我当时跑到楼上去俯拍现场的盛况。这时一个年轻人喊住我，说："你是不是闷吧？"我点头说"是"。他拿着很专业的相机，告诉我他老婆很爱看我的视频，专门嘱咐他说，如果碰到不是闷，问问能不能拍张照。我听到之后很开心，还有人专门派出家属来文具盛会呢！于是便答应了，并且说请别发到网络上就行。然后就有了私信给我的这张十分专

· 那位老婆很爱看我视频的男生拍的我，令当时的我自己都觉得有点儿陌生的真实的我。

业和真实的照片。

那张照片我看了很久。之前看了好多用美颜特效功能拍下的我，我都差点儿以为自己就长那样了呢。这张照片就在这时突然出现了，好像在提醒我看看自己原本的样子。所以，在场的大家，对我那么友好亲切，一直在夸我的大家，其实看到的是这样的我吗？

这是我第一次真实地面对自己视频的观众，尽管只是线下活动中有限的人群，但对我来说，这还是很重要的一步：我和那个视频中的"不是闷"，渐渐更融合在一起。我发现大家除了视频中的信息之外，也渴望和我这个真实的人有互动。对于并不是很善于交际的我来说，通过对文具的热爱拓展了自己的世界，也通过传达这种热爱触及了更多的人，收获了善意和鼓励。这真的是一件十分美好的事。

"初次见面，请多多关照！"

2020 年，我首次录制了对着镜头说话的视频。当时做出这个决定也就是一分钟的事，把垂直对着桌面的镜头抬起来，对着自己，开始说话。可积攒这一刻的勇气却真的用了好几年。

文具视频能受欢迎有点儿出乎我的意料，或者说我并没有企图去"料到"任何事。念头一起，想做便做了。没有期待的时候，怎么做都很难失望。等回过神，开始去关注那些数据和分析，我也已经收获几十万的订阅了，认识了太多朋友，获得

今天也要好好写手账啊

· 终于，我面对镜头，看着我的观众，发出了自己的声音。

了太多赞美。影响力逐渐变大的过程，似乎也是我逐渐被想法控制的过程。当初那难能可贵的"心生一念"的瞬间，那种美好的冲动时刻，逐渐被得失的计算所替代。

我想要更真实地表达自己，更真实地面对这个世界。

这几年中我有过好几次直面镜头说话的冲动。最主要的原因是，除了分享文具之外，我开始分享更多的想法。无论是推荐一部电影还是一本书，或是好吃的、好玩的，我的镜头始终垂直向下对着桌面。在大段的分享我对于一本书的感受时，画面中的桌面上只有那本书傻乎乎地躺着，一动不动。整个视频就好像一段广播。但直面镜头说话，真的立刻唤醒了我内心深处的恐惧。脑子里万千的想法和声音都指向一件事——我不够好。如果被人说胖，我肯定会特别在意；如果牙周炎导致的牙缝被拍出来，感觉好丢脸……每当内心被这些负面情绪和想法盘踞，我似乎就立即停止思考，匆忙得出结论——我只要守住我所谓的风格，做我擅长的事情，一切都很安全，一切都可预测，一切都在掌握之中，我不会受伤，我什么都不会失去。

也许每个人都有要学会面对的课题。视频拍得越多，我越能感觉到内心中始终对于"直面镜头"的想法难以放下。也许面对镜头不会给我带来什么好处，但我实在厌倦了一想到这儿就内心满是焦虑和自我攻击的那种感受。我试着再一次反思，大路走不通就走小路。

我拿出一张纸，想到哪里写到哪里。如果我不够好，那什么才是"够好"？虽然我对外表总是不太自信，但是从小到大也没人说过我不好看或者难看，反而夸奖的人更多。那我到底在意的是哪些地方？要具体一点来想。全身上下想了个遍，我最在意的是"胖"和"牙齿"。所以瘦下去，解决牙齿问题，我就是"够好"，对吗？也不对，人总是有缺点的，要找问题总找得到。那没有任何问题才是"够好"？你想做个完美的人？我从小就觉得自我要求低，凡事马马虎虎过去就算。一番分析下来，在外貌上我怎么成了完美主义者？怎么可能有人的外表是完美的，这不是开玩笑吗？那不是只有一个结果：我永远都不够好，不在于身材胖瘦、牙齿整不整齐，我内心里对自己已经早有判定，那就是我怎么做都不够好。

胖和牙齿固然是问题，但绝不是无解。心里对自己的苛求是更大的问题，更需要解法。而我相信看见这个问题，是摆脱被负面想法捆绑的第一步。

胖的解法很直接：减脂。其实我在去参加国誉的展会之前就开始改变作息和饮食，尝试不同的运动了。去国誉展会时我已经比过去瘦下来十几斤，但我的心态还留在过去胖的时候，我始终认为自己是胖的。如果别人给我拍照，我一看并不胖，我就会大喜过望并感谢别人这么会拍照，给我拍瘦了好多。别人说，并没有呀，我看你就是这样的。我也会想，她人真好，好会安慰我这个胖子的心。也许在我心中，我还没有准备好接受我已经不再像过去那么胖了。于是我一边继续着之前的健康生活方式，努力变得更健康、更苗条，一边时刻关注自己对自己的看法。这个时候我也在慢慢学习和练习冥想。因此我也多了一本健康生活手账（记录饮食和运动）和一本内观日记（记录冥想的感受和心得）。

牙齿的解法也很直观，听医生的建议，努力配合。我约了牙医，清晰地说了我的诉求，医生给了我专业的建议和方案。当时我内心的那种踏实和畅快，真是不知如何用语言去形容。这是一直压在心上的一件事，有时候做梦都梦到牙齿出状况，压根儿就是搬了一块石头压在自己的心上。把自己的想法和需要帮助的地方明明白白说给别人听，就这么简单，这是在解决问题。于是我做了该做的治疗，戴上了隐形牙套。

对自己的苛责和如何面对外界的评价，是比减肥和正畸难得多的课题。不夸张地说，这样的迹象从小就有，现如今我也依旧在学习更好地面对它们。我从小就看起来对自己要求不高，但内心里真的就没有自我期待吗？因为父母的爱和包容，一直顺遂地长大，这些内在的意识也没什么机会被挖掘出来。没有想到，写手账、做手账博主、在视频里露脸，竟然一步步推着我走到了面对自己深层的内在意识的这一刻。

对我而言，去表达就是有效的。无论是选择说给能了解我的人听，还是写进自己的手账里，我都感受到内心的压力卸下了些许。一旦我能从极度被情绪绑架的状态里出来一点儿，哪怕就只出来一点儿，这一点儿都会带我回到当下，看到现实的世界而不是活在想法中。

练习冥想和阅读心理学相关的书籍对我的帮助也非常大。它们引导我去更重视自己的感受，因为感受是真实的，而不是更多陷在想法和情绪里，那些只是头脑制造出的一些声音而已。调整自己的心态，甚至改变自己看外界的角度和看法，是一条好长的路。

幸运的是，我写了手账，还成了一个小博主，拥有了太多锻炼自己的机会。别人的评价是别人对我的看法，并不代表他们怎么说，我就是什么样。同理，我对自己的看法也只是看法。我减肥前，腰围 75 厘米，我觉得腰太胖了，看着就糟心；我减脂减到腰围 62 厘米的时候，我也还是觉得腰上肥肉好多，依旧不满意。这些想法除了给我打击、自我否定和让我心情变差，还有什么积极意义吗？那减掉的 13 厘米是因为我坚持健康的饮食和生活方式而产生的变化，可不是因为脑子里这些不好听的声音呢！人都是喜欢听好话的，自己就应该多跟自己说好话嘛。你看，你减肥成果多棒啊，要继续这样健康地生活下去！况且绝大多数人对我不吝赞美和褒奖。每次看到这些，我往往觉得受之有愧，觉得是大家给我捧场、对我极其有善意才这么说的。而面对负面评价，又何必念念不忘照单全收呢？

　　然后就来到了那一天。当时我在拍摄本月喜欢的文具和小物件的视频。本月的喜欢清单里除了文具之外，还有书、动漫和健身房等等。对着桌子拍了一遍之后，实在是接受不了——10 分钟都是镜头对着空空的桌子讲话。说实话，我对于我讲的内容是很有信心的，我的视频值得更多人的喜欢。最自然的方式，就是对着镜头去说，这样画面是动态的，视频不会那么单调。我走进洗手间梳了梳头，简单化了点儿妆，就走回拍摄房间，扬起了镜头。

　　我，终于面对了你们，也面对了自己。

　　在这个视频简介中我写道："初次见面，请多多关照！"在点击视频发布按钮时，内心满是自由。为了这一刻，我准备了太久，而当时决定在这个视频里出镜，却是没有任何预先设计的。念头一起，想做便做了。

　　我终于又成了那个想做便做的自己。够不够好，有什么要紧呢？最要紧的是，那一刻，我知道我成了更真实也更自由的自己。

后记
一本"未来"

我摆好相机镜头的位置,布置好桌面上要展示的文具,站了半天,不知道从哪儿说起。终于,我设计的手账本——PAL手账,要和大家见面了!

虽然之前也出过好多与品牌联名定制的文具,但这一次推出的手账本对我是有特殊意义的。这是第一次,我完全按照自己的意图和想法,将心中的设计变成实物。这本手账本和市面上已有的设计都不一样,带着点实验和挑战的味道。以往的产品,大多是对已有的文具进行外观上的再设计,然后再做一个选品上的组合,而这次我们带来的是一个市场上从来没有过的、从内到外都是全新的手账!

全新也意味着未知。亲爱的观众们、手账爱好者们、对手账一直观望但迟迟没有入坑的朋友们,当你们看到这本手账的设计时,能明白我的用心吗?会心动吗?对此我真的毫无把握。但在我自己内心里,这本全新的手账是有价值的,只等懂我的人去发现了。

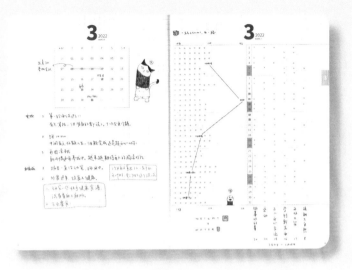

· PAL 手账的月计划页面，我想把我和时间相处的方式分享给你。

　　我从大约一年前开始一点点设计这本手账。在这一年里，我脑子里不知道冒出过多少"金句"来描述这本手账的一些使用方法和设计小细节。对于这本手账的"发布会"的策划，也和设计一样，同步进行了一年。我曾想过，要把这场发布会的视频做到我能力范围内最精致、最完美，我要把那些充满奇思妙想的金句统统说出来。这些金句冒出来的时候我不是在遛狗，就是在洗澡，又或者刚好睡不着，总之想了很多，但一句也没记住。直到开机的时候，我站在镜头前，脑子里一句准备好的金句都没有。

　　算了，金句谁不会说？但是设计师本人出来详细讲解自己

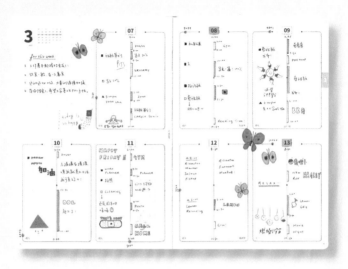

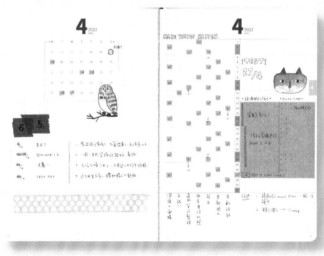

今天也要好好写手账啊

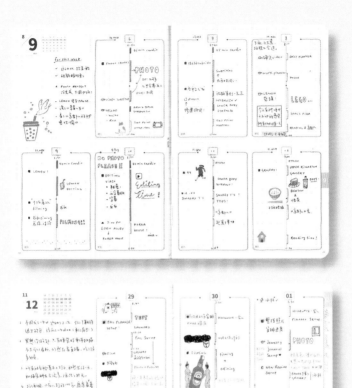

· PAL 手账的使用范例。

设计的手账本是不常见到的吧。我只要原原本本把心意呈现给大家，喜欢的人自然会喜欢吧？这场发布会最终和我众多的视频一样朴实无华，与一开始预想的"精致""完美"没扯上一点儿关系。一贯的朴实倒是凸显了真诚，而且还保留了思路的连贯性。

让所有人都万万没想到的是，PAL 手账在发售的 40 小时内，就订购出去了 1 万本。两三周之后眼看就要突破 2 万本！这在整个文具行业，也算是个令人吃惊的成绩了。

看到订购数字不断快速爬升，我真有点儿难以置信。

一年前，我发布了一个视频叫作《压箱底的手账术首次分享》。那是 PAL 手账的雏形。这种设计版式在我心中酝酿好久了，那是第一次分享出来，我在视频中说道："我总是在幻想，如果要我出一个手账本，我会怎么去设计？整天做一些春秋大梦！"我说的是实话，尤其是"春秋大梦"。出一本完全由自己设计的手账本并不简单。带日期的本子非常有时效性，生产一本手账涉及的细节太多，犯错的风险很大，以至于我从来都没跟任何合作伙伴提过我有一套自认为还不错的手账设计方案。

在这个视频中，我首次谈了理想的手账版式之后，有很多弹幕和评论。"你出啊，你出我就买！""出！快出！好期待！"看到这些反馈，我心中第一次升起了那个泡泡：也许，我出一本自己设计的手账，是卖得出去的？

于是我联系了合作伙伴，第一次主动提出希望做一个文具设计，市面上都没有的那一种。如果当初没有来自观众的热烈反馈和支持，如果他们的话语里没有那么多惊叹号，我不会去主动做"出一本手账"的提案，也就不会有PAL手账。是那些直白到赤裸裸的赞美，让我觉得我的设计好像真的有两把刷子！我好像真的想出了不错的点子！

在那一刻，我觉得自己好棒！我愿意一再分享我所爱的给我的观众，愿意与他们交流，就是因为喜欢那个被大家看见时的自己吧。对于从小内心有点儿小自卑的我，这样的正向体验是匮乏的，所以一旦遇上就很上瘾。

PAL手账带来巨大惊喜的同时，我也开始思考大家是被什么所吸引。是这本手账独特的设计吗？是那场"发布会"的呈现吗？是作为小博主，乐于和大家分享的我吗？

作为手账发烧友，我做得并不是最好的。即便是我口口声声地说我多么爱手账，也经常开天窗，或者毫不顾忌排版和审美去随意涂画。我的手账也许恰恰是"反精致"的代表。作为手账文具博主，我的自我要求甚低。每次拍视频把要说的话赶紧说完，画面空空的一点儿装饰物都没有。手账拍照也从一开始跟风的摆拍，逐步自降要求，到了现在的直接扫描——相机都不打开了。立人设、走精致风，我不是没尝试过，只是坚持不了几天就会原形毕露。不愧是我，果然还是粗枝大叶一点儿更自在啊。

但也就是这样的我，离大家是最近的，和大家是最像的。

我们似乎有着同款生活，枯燥无味和偶尔的小确幸交替穿插；我们似乎有着同样的缺点，明知道该做什么就是不做，拖延任务，弄乱桌子还不收拾；我们似乎有着类似的烦恼，长胖却管不住嘴，存不下几个钱还忍不住乱买；我们似乎也有着相似的坚持，终究还是会接受那个马马虎虎、不够上进的自己，有时安安心心地暂时躺平，并不意味着永远不再站起来奔跑。

就是这样的一个我，如果在我的分享中大家依然能感受到生活的光，那大家的生活也一定有同样的光彩，也一样有值得记录和分享的点滴。我不是站在观众对立面的那个"优秀模板"，我是他们在这个世界上的另一个自己。如果他们喜欢我的普通，包容我的缺点，欣赏我的不完美，那么他们怎么能不接受、不爱那个看似普通的自己？回头去看我的内容和表达，去听我和好友乐乐一起做的播客"Lemon电台"，包括去看PAL手账的设计，我始终——有意或无意地——想要带给大家"共鸣与被看见"。

"自律""优秀""成为人上人"，这些我从小都很向往，可这种因为在比较中占优势而带来的满足感，不可能人人都获得。很长一段时间里，我对自己的评价就是"一个没有毅力、空有野心的人"。能刺激出我战斗欲的，似乎净是和人比较之后感受到的落差、焦虑，害怕自己不够优秀的恐惧，因为自己不够好而可能不被爱的担心。这成了一种循环和自我预言。我越是做得不好，就越发焦虑和担心。这些情绪能让我用力过猛地努力个三五天。因为发力不得当，坚持不下去，于是停止努力，甚至可能破罐子破摔。这段时间似乎又没有多大长进，然后再一次加强给自己贴的标签——我是废柴，我本来就做不好，我就不值得被爱。然后，进入新一轮的焦虑。

当我和朋友聊起这样的经历，发现几乎很少有人是在一个充满鼓励和爱的环境中成长的。我们不管多自律、多努力，脑子里始终会有一个声音在否定自己，挑出毛病。即便是那些优秀的人，看似一个个目标被实现，也会有一个个新的目标冒出来。这样奋力向前的每一天都是生活在"我的目标还未实现"的挫败感中。我就是这样长大的。越长大，我越意识到"我不够好"是深植我内心的一个声音，是我无论多努力都追赶不上的。

直到我遇见手账，开始在手账本上画画儿。毫不夸张地说，这是改变我一生的一种体验，那就是"正向体验的积累带给我的无穷动力"。终于，我来到了这样一个机会面前：这件事让我着迷，我不为任何别的原因去写手账，只因为这个过程我喜欢。这是唯一的理由。至于画完之后，画美不美，对我一点儿都不重要。过程足够好玩，我就乐意天天玩儿，不会累，不需要毅力，没有目标，不怕落后。把过去那些"生怕低人一等"的内心小九九放到写手账、画画儿这件事上，是多么可笑！在这件事上，我这个自我定义为"毫无毅力可言，最擅长放弃"的人，竟然"坚持"了这么久，坚持到发布几百个视频，坚持到推出自己设计的手账，坚持到写一本书来和你分享这中间的种种。而在这个过程中，我对自己真是百万分的包容，毫无高标准严要求的束缚。跟我互相陪伴的大家，对我更是无限的友好和支持。我画了很丑的画也不会因此对我失望，因为过程开心。我拍了那么多视频，怎么可能个个有趣有料，但是大家依然给我点赞和鼓励，让我有了拍摄下一个视频的动力。没有打压，没有害怕落后，就是玩儿。我恍然大悟，原来这才是"积跬步"的正确方式。

我们原本都不差，只是我们太专注于结果，让最为重要的过程变得痛苦不堪。那个急于脱颖而出的自己，那个急于被看见的自己，将"变好"与"痛苦"画上了等号。即使是写手账这样轻松快乐的事情，也经常会给一些手账爱好者带来压力。力求完美的结果和"我真糟"这样内化的声音，连写手账也没有放过。"我真是没有毅力，写个手账也坚持不了一星期！""买了一堆东西，写出来还是那么丑。""我的生活无聊透顶，我这样的人是不配写手账的。"

我特别愿意把我从手账里感受到的光和包容分享出去。我们共同的瑕疵和不完美带来的共鸣，就是被看见。结果的不足被看见，过程的快乐也被看见；我们的平凡被看见，我们的闪光时刻也被看见；选择躺平被看见，漫天的星星也被看见。也许我的心意真的传达给了大家些许，所以大家看完我的视频，听完我对 PAL 手账的介绍之后，惊呼"你怎么这么懂我""我终于要下单我的第一本手账了""总算有一本手账适合我这样的工作党了""我恨不得今天就开始写 PAL 手账"！多好啊，这就是我们的共鸣，这就是我们看见彼此带来的真正的热情和满足！

谁能想到，小小的一本手账，记录了我的生活，也创造了许多从没敢想的未来。从写手账开始，我获得了太多以前没有的体验。原来每天写写字、画画水彩这样的小事就能给我带来生活的实感，带来那么多关于自己的思考。都说手账上写的是

· 这就是我, 和手账在一起的间。

一部自己的个人历史, 但我们的未来不也藏在过去的每一天里? 这样一本我们亲自写下的计划、日记和感想, 又何尝不是我们的一本"未来"?

前面我已经写到不再许愿，因为每一个未来成为现在的时候都令我喜出望外。现在，我满怀欣喜地把这本书交到你的面前，也很好奇我和你会有什么样的未来。

图书在版编目（CIP）数据

今天也要好好写手账啊 / 不是闷著. -- 北京 : 中
信出版社, 2022.3

ISBN 978-7-5217-3887-2

Ⅰ. ①今… Ⅱ. ①不… Ⅲ. ①本册 Ⅳ. ①TS951.5

中国版本图书馆CIP数据核字(2021)第274723号

今天也要好好写手账啊

著　　者：不是闷
出版发行：中信出版集团股份有限公司
　　　　　（北京市朝阳区惠新东街甲4号富盛大厦2座　邮编　100029）
承 印 者：北京启航东方印刷有限公司

开　　本：787mm×1092mm　1/32　　印　　张：7　　　字　　数：107千字
版　　次：2022年3月第1版　　　　　印　　次：2022年3月第1次印刷
书　　号：ISBN 978-7-5217-3887-2
定　　价：69.00元